Max Simon

Die Elemente der Arithmetik als Vorbereitung auf die Funktionentheorie

Max Simon

Die Elemente der Arithmetik als Vorbereitung auf die Funktionentheorie

ISBN/EAN: 9783337278908

Hergestellt in Europa, USA, Kanada, Australien, Japan

Cover: Foto ©berggeist007 / pixelio.de

Weitere Bücher finden Sie auf **www.hansebooks.com**

DIE

ELEMENTE DER ARITHMETIK

ALS VORBEREITUNG

AUF DIE FUNCTIONENTHEORIE

von

Dr. Max Simon,

Oberlehrer am Lyceum zu Strassburg.

STRASSBURG

R. SCHULTZ & COMP., VERLAG

1884.

Dem Andenken meines Bruders

Theodor Simon

Dr. med. et chir.,

weiland Oberarzt am Allgemeinen Krankenhause zu Hamburg,

gewidmet.

VORWORT.

———

Zur Veröffentlichung dieses Heftes — bestimmt hauptsächlich für Collegen und Studirende, dann aber auch für die Schüler der obersten Classe — bin ich entschieden worden durch eine Stelle in der genialen Gelegenheitsschrift Dedekind's «Stetigkeit und Irrationale Zahlen», welche lautet: «und man gelangt auf diese Weise zu wirklichen Beweisen von Sätzen wie z. B.: $\sqrt{2} \cdot \sqrt{3} = \sqrt{6}$, welche meines Wissens bisher nie bewiesen sind.» Er hat Recht in Bezug auf die überwiegende Mehrzahl der elementaren Lehrbücher, Unrecht in Bezug auf die Lehrer, welche sich glücklicherweise an ihre Lehrbücher nicht sehr zu kehren pflegen. Was dem Unterricht in der Arithmetik heutzutage viel mehr fehlt als die Strenge im Einzelnen, ist nach meiner Ueberzeugung, welche ich bereits im Jahre 1877 auszusprechen Gelegenheit hatte*, ein festes Ziel. Nur wenn dieser Unterrichtszweig in sich selbst folgerichtig entwickelt ist, kann er seine wichtigste Aufgabe: die logische Entwickelung der Schüler in erster Linie zu fördern, völlig erfüllen.

Dieses Ziel finde ich in der Vorbereitung auf die Functionentheorie, und ich glaube, dass diese Erkenntniss von sehr vielen Collegen getheilt wird, und hoffe, dass sie sich bald allgemein verbreiten werde. Sieht man von Gauss ab, welcher seiner Zeit ziemlich um ein Jahrhundert voraus war, und dessen Ausspruch aus der Anzeige der Theoria residuorum biquadraticorum ich an seinem Ort wörtlich anführen werde, so ist es die Func-

———

* Verhandlungen der Directoren-Conferenz der elsass-lothringischen höheren Lehranstalten am 30. November und 1. Dezember 1877.

tionentheorie gewesen, welche das Licht der mathematischen Erkenntniss auf die Elemente der Arithmetik geworfen hat. Die Nothwendigkeit, seine functionentheoretischen Sätze streng zu begründen, zwang Weierstrass, sich mit den Regeln der Rechnung und mit dem Zahlbegriffe zu beschäftigen. Die Strenge und Klarheit, welche jetzt auf dem sonst den Philosophen überlassenen Gebiete herrschen, sowie den Eifer für dasselbe verdankt man in erster Linie seinen Vorlesungen. Wir finden jetzt kaum ein grösseres zusammenfassendes Werk über Analysis, welches diesem Eifer nicht Rechnung trüge; es gebührt sich hier vor Allem «Lipschitz, Grundlagen der Analysis» zu erwähnen. — Während Weierstrass sich auf das für seine Zwecke Nothwendige beschränkte, hat Georg Cantor, zur Zeit in Halle, die Kraft seines Geistes fast ausschliesslich in den Dienst der Ausbildung des Zahlbegriffs gestellt. Die Cantor'schen Arbeiten, welche im Crelle und in den Annalen unbequem zerstreut waren, sind vom Verfasser selbst in den «Acta mathematica» (2. Juni 1883) zusammengefasst worden. Ihre genaue Kenntniss ist nunmehr jedem Lehrer möglich und, was er auch von den Resultaten derselben, insbesondere den überendlichen Zahlen halten möge, schon um der Methode willen nützlich, ja nöthig. — Wenn ich nun gerade in dem entscheidendsten Punkte — Irrationalität und Grenzbegriff — von der classischen Darstellung Georg Cantor's abgewichen bin, so that ich dies erstens und hauptsächlichst, weil ich den warmen Antheil der Schüler an dem Formalismus der Cantor'schen Lehre erkalten sah, und zweitens, weil ich der Ansicht bin, dass der Grenzbegriff durch die Erfahrung und — was, wie ich glaube, bisher zu wenig berücksichtigt worden ist — durch Vererbung gegeben wird, und daher keinen Anstand nehme, von dem Grenzbegriff auszugehen. In Folge dieser Ansicht musste ich mich von meinem Freunde Meyer, Oberlehrer am städtischen Gymnasium zu Halle, mit welchem ich ursprünglich zusammen zu arbeiten beabsichtigte, trennen. Ich bin den Herren Meyer und Cantor darum nicht minder für Klärung meiner Ansichten dankbar.

Was den Umfang des auf der Schule zu Lehrenden betrifft, so halte ich das Verständniss der Logarithmentafel, mit welcher der Schüler 3 Jahre zu arbeiten hat, für die natürliche Grenze und hoffe, hierin wenigstens auf ziemlich allgemeine Zustimmung rechnen zu können. Bei der Darstellung habe ich besonders eine umfassende Repetition in der Gymnasial-Prima berücksichtigt, natürlich unter der Voraussetzung, dass der gesammte Unterricht entsprechend angelegt sei. Die Vertheilung des Lehrstoffes auf die einzelnen Classen ist durch die bereits citirten Verhandlungen der Directoren-Conferenz für Elsass-Lothringen geregelt und beabsichtige ich durch diese Schrift keineswegs eine Aenderung anzuregen.

Für die Correctur bin ich Herrn Schulamtscandidat Leman zu Dank verpflichtet.

Strassburg im Elsass, Juni 1884.

Dr. Max Simon.

INHALT.

I. Zahlen und Zählen.

1. Jeder Inbegriff bestimmter Elemente (E.) oder Glieder, welche irgendwie zu einem Ganzen verbunden sind, heisse Complex (C.) oder Mannigfaltigkeit. (Schulklasse, Compagnie, Briefmarkensammlung, Weg als Inbegriff der Schritte, Regeln der Grammatik, Vorstellungen eines Traumes, etc.)
Die E. eines C. können selbst Complexe sein.

2. Der subjective Ausdruck für die bestimmte Art und Weise der Gliederung eines C. ist die Anzahl; sie wird ausschliesslich durch das Zählen gewonnen.

3. Das Bedürfniss zum Zählen entspringt aus dem der Vergleichung der Complexe, insbesondere derjenigen mit gleichartigen Gliedern.

4. Der Zählprocess geht in folgender Weise vor sich:

   a) werden je 2 E. als nicht von einander verschieden betrachtet, indem wir dadurch, dass wir unsere Aufmerksamkeit ausschliesslich auf die gemeinschaftliche Beziehung zum C. richten, von allen Unterschieden absehen;

   b) werden die E. in eine bestimmte Ordnung gebracht dadurch, dass wir die Aufmerksamkeit hinter einander auf jedes E. richten;

   c) theilen wir jedes Mal dem durch Hinzufügung eines neuen Elementes von dem Inbegriff der bisher ausgesonderten Elemente vollkommen unterschiedenen Complexe eine eigene Anzahl zu;

   d) wird die erzählte Zahl als Anzahl des abgezählten Complexes erhalten durch eine eigene Thätigkeit, welche den Zählprocess abschliesst (begrenzt).

5. Aus 4. folgt, dass, wie gross auch die Gliederzahl des Complexes sein mag [d. h. gleichgiltig, ob wir uns bis zur Anzahl des C. hinzählen können oder nicht], eine Vertauschung von 2 Gliedern (Transposition) an der Anzahl des C. nichts ändert.

6. Sind nur 2 E. vorhanden, so folgt, dass die Anzahl des C. von der Anordnung unabhängig ist.

7. Da man sich auch bei 3 E. leicht überzeugt, dass sämmtliche Anordnungend urch auf einander folgende Transpositionen aus der ersten hervorgehen, so gilt derselbe Satz auch für 3 E. Man überzeugt sich durch den Schluss von n auf $n + 1$ leicht, dass für jede abzählbare (endliche) Anzahl E. der Satz gilt: Jede Anordnung kann aus jeder andern durch Transpositionen hervorgebracht werden, und somit auch seine Folge:

Die Anzahl jedes Complexes von endlicher Gliederzahl ist von der Anordnung unabhängig.

8. Dass Satz und Folge für eine unendliche Gliederzahl ungiltig sind, zeigt das einfache Beispiel der Anordnungen:

$$a_1 \, a_2 \, a_3 \, a_4 \ldots \text{ in inf.}$$

und $a_1 \, a_3 \, a_5 \, a_7 \ldots$ in inf. $a_2 \, a_4 \, a_6 \ldots$ in inf.,

welche beide auch nicht durch unendlich viele Transpositionen in einander überführbar sind und in der That zu zwei verschiedenen Anzahlen führen.

9. Der objective (vom zählenden Subject unabhängige) Ausdruck für die Art und Weise der Gliederung ist die Mächtigkeit:

«Zwei Complexe haben gleiche Mächtigkeit, wenn sie sich eindeutig und vollständig E. für E. einander zuordnen lassen,» (Georg Cantor)

d. h. also, wenn unter ihren Anzahlen irgend zwei einander gleich sind. — Da C. von endlicher Anzahl nur eine Anzahl besitzen, so haben sie nur dann gleiche Mächtigkeit, wenn ihre Anzahlen einander gleich sind. Es liegt daher bei endlichen C. kein Bedürfniss vor, einen eigenen Ausdruck für die Mächtigkeit zu schaffen und es ist daher die bestimmte Zahl zugleich ein Ausdruck für eine bestimmte Mächtigkeit; als solche ist sie starr und unveränderlich, nur sich selbst gleich.

10. Durch das Zählen, die einfachste, ja in gewissem Sinne einzige arithmetische Operation, schaffen wir die Reihe der natürlichen Zahlen 1, 2, 3, etc., in welcher jede folgende

durch ihre vorhergehende definirt ist, und erhalten als
Anzahl des abzuzählenden Complexes ein bestimmtes Glied
dieser Reihe. Von zwei Gliedern der Reihe heisst das zur
Definition des andern nöthige (das frühere) das kleinere. Die
Zahlenreihe ist das wesentliche Material der Arithmetik,
Zahl schlechtweg ist identisch mit «Glied dieser Reihe».

11. Jede beliebige Auswahl von Gliedern der Zahlenreihe bildet selbst wieder einen Complex; aus dem Bildungsgesetz
der Reihe folgt, dass jede Zahl a derselben zugleich den
Complex aller Zahlen von 1 bis a incl. abzählt. Aus 9.
folgt die Berechtigung des in der Praxis üblichen Verfah-
rens, nämlich während des Zählens jedem E. des abzuzählenden C. eine Zahl aus der Zahlenreihe zuzuordnen.
Fangen wir mit 1 an und gehen der Reihe nach, so ist
die Zahl, welche dem letzten E. des C. zugeordnet wird,
zugleich dessen gesuchte Anzahl.

II. Die Addition und Multiplication.

a) Die Addition.

1. Zwei Complexe A und B lassen sich zu einem Complex
C, ihrer Summe, zusammenfassen. Sind die Anzahlen a und
b von A und B bekannt, so lässt sich die Anzahl c von C
dadurch schneller feststellen, dass entweder die b E. von B
der Reihe nach hinter den a E. von A gezählt werden,
indem man diesen b E. die auf a folgenden b Glieder der
Zahlenreihe zuordnet, oder die a E. von A hinter den b E.
von B. Sind a und b endlich, so folgt aus I, 7., dass beide
Operationen dieselbe Anzahl c ergeben; wir nennen dann
c die Summe von a und b, a und b die Summanden, geschrieben:

$$c = (a + b).$$

2. Mit Rücksicht auf I, 11. definiren wir die Addition und die
Summe wie folgt:

Die Zahl b zur Zahl a addiren heisst, in der Zahlenreihe die b auf a folgenden Zahlen der Reihe nach ab-

zählen. Die Zahl, welche zuletzt gezählt wird, heisst die Summe von a und b, $(a + b)$ oder auch, wo eine Verwechselung mit der Aufforderung zur Operation ausgeschlossen, $a + b$.

3. Aus 1. folgt sofort das Hauptgesetz der Addition:
Die Reihenfolge der Summanden ist beliebig (commutatives Gesetz). Als Formel:

$$(a + b) = (b + a),$$

obwohl die Operationen, durch welche die beiden Summen gebildet werden, verschieden sind, da die zu zählenden Zahlen in beiden Fällen verschieden sind.

4. Da die Zahlenreihe kein letztes Glied hat, so lässt sich die durch $a + b$ angedeutete Operation stets ausführen und ergiebt wegen der Bestimmtheit der Zahlenreihe stets ein bestimmtes Resultat.

5. Aus der Definition der Addition folgt sofort auch die Giltigkeit des distributiven Gesetzes:

$$a + (b + c) = (a + b) + c,$$

weil die abgezählten Zahlen in beiden Fällen dieselben sind.

6. Die Sätze sub 3., 4. und 5. lassen sich auf beliebig viele Summanden ausdehnen, sobald diese selbst und die Anzahl des Complexes, dessen Elemente sie sind, endlich sind.

7. Beim Zählen zerfällt der abzuzählende Complex D mit der Anzahl d beständig in 2 C., den einen A, dessen Anzahl a bereits abgezählt ist, und den andern B, bestehend aus der Gesammtheit der noch nicht abgezählten E. Wir können nun die Anzahl d auf eine zweite Weise finden, dadurch dass wir die Anzahl b von B festsetzen und dann b zu a addiren; in beiden Fällen ordnen wir den Elementen von B der Reihe nach die b auf a folgenden Zahlen der Reihe nach zu. Der ausserordentliche Gewinn liegt darin, dass wir nach Ausbildung der Addition das Resultat von $a + b$ bereits ohne neues Zählen wissen und dass wir schon mit den Namen unserer Zahlen der gesparten Arbeit früherer Generationen geniessen. Die Unterbrechung des Zählprocesses und Neuaufnahme ist auf B ebenfalls anwendbar etc.

b) Die Multiplication.

8. Es ist das Natürlichste, die sub 7. erwähnten Unterbre-
chungen jedesmal nach Abzählung der gleichen Anzahl
Elemente, beziehungsweise Zahlen (I, 11.) eintreten zu
lassen; so unterscheiden wir in der Zahlenreihe (Z. R.)
selbst immer Abschnitte zu je 10 Zahlen, so werden Kas-
tanien, Nüsse etc. in Gruppen (Griffen) zu je 5 abgezählt
etc. etc.; das Resultat erscheint dann in Form einer Summe
von gleichen Summanden und ist durch den Summand und
die Anzahl der ihm gleichen Gruppen bestimmt.

9. Der Vorgang sub 8. besteht darin, dass je a Elemente E
immer als ein complicirtes Element E' gezählt werden, die
erheblich geringere Anzahl b der E' bestimmt wird, sodann
zunächst durch Addition, bald durch Ausbildung der Multiplication die Anzahl c der E' bestimmt wird.

10. Aus 9. fliesst die folgende Definition des Products:

Das Product der Zahl a, Multiplicandus genannt, mit
der Zahl b, Multiplicator oder Zähler genannt, ist die
Zahl $a \cdot b$, gelesen a b-mal, welche so aus a durch Zählen
gebildet ist, wie b aus 1.

11. Aus der Definition folgt sofort:

$a \cdot 1 = a$; $1 \cdot a = a$; daher $a \cdot 1 = 1 \cdot a$; $1 \cdot 1 = 1$.

12. Wie b die Existenz aller kleineren Zahlen als b voraus-
setzt, so setzt $a \cdot b$ die aller Producte des a mit kleineren
Zahlen als b voraus. Wie $(x + 1)$ durch Weiterzählen von
x aus, $(u + v)$ durch Weiterzählen von u aus, und zwar
um 1 resp. um v, erhalten werden, wo x, u, v bestimmte
Zahlen bezeichnen, so ist auch $a \cdot (x + 1) = a \cdot x + a \cdot 1$,
$a (u + v) = au + av$.

13. Wird a selbst als Summe von c und d aufgefasst, so folgt
aus dem Hauptsatz der Addition sofort

$$(c + d) \cdot b = c \cdot b + d \cdot b.$$

14. Die Combination von 12. und 13. ergiebt

$$(a + b) (x + y) = ax + ay + bx + by;$$

in Worten: Eine Summe wird mit einer Summe multiplicirt,

indem man jeden Summanden der einen mit jedem Summanden der andern multiplicirt und die erhaltenen Producte addirt.

15. Da in Folge der Sätze 12., 13., 14. die Producte, deren
Multiplicand und Multiplicator kleine Zahlen (Einer) sind,
am häufigsten vorkommen und ihre Kenntniss zur Bildung
der übrigen ausreicht, so werden diese als « Einmaleins »
in eine Tabelle gebracht und auswendig gelernt. Auf dieser
Tabelle und den 3 Sätzen 12., 13., 14. beruht die Ausbildung der Multiplication als selbständige Rechnungsart. Die
Tabelle kann je nach Bedarf beliebig weit fortgesetzt werden und giebt einen Ueberblick über den Verlauf von $a \cdot b$,
wenn hierin für a und b der Reihe nach alle Zahlen der
Zahlenreihe eingesetzt werden.

16. Die Tabelle, deren Einrichtung als bekannt vorausgesetzt
wird, zeigt, dass die $k$te Verticalreihe mit der $k$ten Horizontalreihe übereinstimmt; wir gewinnen zunächst experimentell den Satz:

$$a \cdot b = b \cdot a \text{ (das commutative Gesetz).}$$

17. Wir beweisen diesen Satz durch den Schluss von n auf
$n + 1$, welcher für Erfahrungssätze den naturgemässen
Abschluss bildet.

Vor. $a \cdot b = b \cdot a$.
Beh. $a \cdot (b + 1) = (b + 1) \cdot a$.
Bew. $a \cdot (b + 1) = a \cdot b + a \cdot 1$ (II 12.).
     $(b + 1) \cdot a = b \cdot a + 1 \cdot a$ (II 13.) etc.

Der Satz ist somit für beliebig grosse, aber abzählbare
d. h. endliche Zahlen als Multiplicand und Multiplicator
bewiesen. In Folge dieses Satzes bezeichnet man auch
Multiplicand und Multiplicator mit einem gemeinsamen
Namen als Factoren.

18. Da nach II, 4. $a\,b$ eine Zahl, so ist auch $(a\,b) \cdot c$ wiederum eine Zahl, desgleichen $((a\,b) \cdot c) \cdot d$ etc. Man
lässt meist die Klammern weg und bezeichnet $a\,b\,c$; $a\,b\,c\,d$;
etc. als Producte von 3; 4; etc. Factoren.

19. Auch bei 3 Factoren gilt das commutative Gesetz.

Da nach II, 11. sofort ersichtlich, dass

$$a \cdot b \cdot 1 = a \cdot 1 \cdot b,$$

so genügt zum Beweise der Schluss von n auf $n + 1$:

$$a \cdot b \cdot (c + 1) = a \cdot b \cdot c + a \cdot b \cdot 1$$
$$a \cdot (c + 1) \cdot b = a \cdot c \cdot b + a \cdot 1 \cdot b \text{ etc.}$$

Wir notiren noch

$$(ab) \, c = (ba) \, c = a \, (bc) = (bc) \, a = \text{etc.}$$

20. Durch vollständige Induction wird der Satz (cf. Dirichlet-Dedekind, Zahlentheorie, Abschnitt I § 2) für beliebig viele Factoren bewiesen und es lässt sich jetzt auch das gebräuchliche Verfahren beim Multipliciren begründen.

21. Ein Product von n gleichen Factoren a heisst die $n$te Potenz von a, geschrieben a^n; a heisst die Grundzahl, n der Exponent.

———

III. Die Subtraction.

1. Wie wir die Fähigkeit haben, zwei oder mehrere Complexe zu einem Summen-Complex zu vereinigen, so können wir auch einen Complex in zwei oder mehrere Theil-Complexe auflösen. Arithmetisch stellt sich dies dar als Fähigkeit, einer vorgegebenen Zahl der Zahlenreihe (Z. R.) die Form einer Summe von 2 oder mehreren Summanden zu geben.

Die Zerlegung einer Zahl in zwei Summanden führt auf den Begriff der Differenz. Wir definiren:

Jede Zahl b, welche zu a addirt, c giebt, heisst die Differenz von c und a; c heisst der Minuend, a der Subtrahend.

Aus der Definition der Addition in II, 2. folgt, dass b die Anzahl der Glieder der Z. R. von a excl. bis c incl. abzählt; als Anzahl eines C. ist sie aber vollständig (eindeutig) bestimmt und es ist somit bewiesen:

Ist $(a + b) = (a + b')$, so ist $b = b'$.

In Worten: Bei der Zerlegung eines Complexes — einer Zahl — in 2 (oder mehrere) Theilcomplexe — Summanden

— können alle bis auf den letzten vorgegeben sein. Dieser letzte ist durch die übrigen und durch den Summencomplex vollständig (eindeutig) bestimmt.

Insofern nun b durch c und a vollkommen bestimmt ist, wird es durch $(c - a)$, gelesen c minus a in Klammern, bezeichnet; $c - a$ ohne Klammer heisst: Bestimme die Zahl, welche zu a addirt c giebt, oder was dasselbe ist, zähle den Zahlencomplex von a excl. bis c incl. ab.

2. Weil $(a + b) = (b + a)$ und $a + (c - a) = c$, so ist auch $(c - a) + a = c$, d. h.:

Die Differenz von c und a kann auch ermittelt werden dadurch, dass man von c incl. die a vorangehenden Glieder der Z. R. der Reihe nach abzählt, die der zuletzt abgezählten Zahl vorangehende ist die Differenz; oder (unter stillschweigender Anwendung von a Transpositionen) dadurch, dass man von c excl. rückwärts die a vorangehenden Glieder der Z. R. der Reihe nach abzählt, wo dann die zuletzt gezählte Zahl die Differenz ist. Durch diese Bemerkung tritt der Gegensatz zwischen Subtraction und Addition in scharfes Licht (cf. 3.).

Die Berechnung der Differenz ist identisch mit der Auflösung der Gleichung

$$(a + x) = c$$

nach x, wie die Addition identisch ist mit der von

$$(a + b) = x,$$

welche ja erst durch Ausführung der Zählung in die Gleichung $x = (a + b)$ übergeht.

3. Zwischen der Auffassung der Differenz in 1. und 2. ist ein scharfer Unterschied, da die Differenz in 1. als Anzahl, in 2. als Glied der Z. R. gewonnen wird. Man sieht, dass, streng genommen, die Addition zwei dem Begriffe nach scharf verschiedene Umkehrungen zulässt : $(a + x) = c$ und $(x + a) = c$, nur dass die Zahlenwerthe der Resultate in Folge des commutativen Gesetzes in beiden Fällen dieselben sind.

4. Da die Differenz durch Zählen ermittelt wird, kommt alles

in I. und II. über das Zählen Gesagte zur Anwendung und wir erhalten folgenden allgemeinen Satz:

Sind x, y, z, ... u, v der Reihe nach Zahlen zwischen a und c, so ist:

$$(c-a) = (x-a) + (y-x) + (z-y) + \ldots + (v-u) + (c-v)$$

oder auch:

$$= (c-v) + (v-u) + \ldots + (y-x) + (x-a).$$

Insbesondere ist hiermit das mechanische Verfahren begründet: Zuerst die nächste Zahl einzuschalten, welche mit dem Minuenden in den Einern übereinstimmt, dann diejenige, welche in den Zehnern, dann Hundertern etc., die Theilintervalle einzeln abzuzählen und ihre Summe zu berechnen.

5. Da sowohl Summe als Differenz zweier Zahlen wieder e i n e Zahl, so sind Summen und Differenzen denkbar, in welchen die Glieder selbst wieder Summen- oder Differenzenform haben; solche Formen heissen Aggregate, und es wird nöthig, Regeln über die bequemere Handhabung und Berechnung der Aggregate aufzustellen, welche insbesondere auch dazu dienen, die lästigen Klammern fortzulassen.

6. Es ist

$$((a + x) - b) = ((a - b) + x) = (x + (a - b)).$$

In Worten: Entweder: Die Reihenfolge, in welcher man subtrahirt oder addirt, ist beliebig, oder: Eine Zahl wird von einer Summe subtrahirt, indem man sie von einem der Summanden subtrahirt.

Rückwärts gelesen: Eine Differenz wird addirt, indem man den Minuend addirt und den Subtrahend subtrahirt.

Der B e w e i s ergiebt sich sofort aus der Definition der Differenz und der Bemerkung, dass man beim Weiterzählen von b in der Z. R. zuerst zu a, dann zu $(a + x)$ gelangt. Wir deuten dies an durch das Schema:

$$b \ldots a \ldots (a + x).$$

7. $\qquad (a - (b - x)) = ((a - b) + x).$

In Worten: Eine Differenz kann von einer Zahl subtrahirt

werden, indem man den Minuend subtrahirt und den Subtrahend addirt.

Schema des Beweises:

$$(b - x) \ldots b \ldots a.$$

8. $$(a - (b + x)) = ((a - x) - b).$$

In Worten: Eine Summe wird von einer Zahl subtrahirt, indem man ihre Summanden einzeln subtrahirt.

Der Beweis folgt unmittelbar aus der Auffassung der Differenz in 2.

9. Vergleicht man die Subtraction mit der Addition, so erhellt, dass die Addition unbeschränkt ist, weil die Zahlenreihe kein Ende hat, die Subtraction dagegen beschränkt, weil die Zahlenreihe einen Anfang hat. Will man die Subtraction ausdehnen, die Gleichung

$$(a + x) = c$$

allgemein lösen, so muss die Zahlenreihe ausgedehnt werden durch Einstellung neuer Glieder, welche als solche Zahlen sind, wenn auch keine Anzahlen. Das Schaffen dieser Glieder geschieht nach dem früheren Gesetze, dass jedes Glied aus dem vorhergehenden durch Addition von 1 erhalten wird, nur dient jetzt umgekehrt das folgende Glied zur Definition des vorhergehenden; die Analogie mit den Punkten einer Geraden, welche von einem Anfangspunkt aus nach beiden Richtungen durchlaufen wird, tritt hervor. — Als Grundsatz stellen wir auf, dass die neuen Glieder den Gesetzen der alten unterworfen bleiben.

10. Das Glied, welches 1 vorangeht, heisst Null, 0, und ist definirt durch den Grundsatz und die Gleichung:

$$(0 + 1) = 1.$$

In Folge des Grundsatzes muss mit dem an sich sinnlosen $1 + 0$ der Sinn $0 + 1$ verbunden werden.

11. Sätze über die Null:

$$(0 + a) = a; (1 + 0) = 1, (a + 0) = (0 + a) = a.$$
$$(a - 0) = a; 0 + 0 = 0, \text{ also auch } 0 \cdot a = 0.$$

$a \cdot 0$, an sich sinnlos, zufolge des Grundsatzes: $= 0 \cdot a = 0$.

12. Weil $a + 0 = a$, konnte 0 auch aufgefasst werden als die nicht vorhandene Anzahl eines — nicht vorhandenen — Complexes und konnte in mancher Hinsicht das Zeichen für Nichts werden.

13. Das Glied, welches 0 vorangeht, heisse $1'$; es wird definirt durch die Gleichung

$$(1' + 1) = 0.$$

Zufolge des Grundsatzes ist $(1 + 1')$, welches an sich sinnlos ist, gleich $(1' + 1) = 0$. Ferner ist, wenn für a 0 ausgeschlossen wird,

$$(1' + a) = a - 1,$$

weil die 0 mitgezählt werden muss; also auch $(a + 1') = a - 1$. Endlich, weil die 0 mitgezählt wird,

$$(a - 1') = a + 1.$$

Das $1'$ vorangehende Glied der Z. R. heisse $2'$ etc. Jeder Zahl a in der $a$ten Stelle nach 0 entspricht dann eine Zahl a' in der $a$ten Stelle vor 0, so dass

$$(a' + a) = 0,$$

aber nach dem Grundsatz auch $(a + a') = 0$ ist.

Die Addition von a' kann demzufolge aufgefasst werden als ein Zählen von a Elementen der Z. R., aber in entgegengesetzter Richtung, und es wird jetzt klar, dass zwischen a und a' die Beziehung des Gegensatzes besteht, weshalb die Zahlen von $1'$ an rückwärts entgegengesetzte Zahlen heissen. Nach dieser Abänderung der Definition der Addition können auch a' und b' addirt werden und man sieht, dass das Resultat $= (a + b)'$.

Ganz analog kann die Subtraction von b' aufgefasst werden als ein Zählen von b in einem dem Rückwärtszählen entgegengesetzten Sinne, da $(a - b') = (a + b)$, also wieder als ein Vorwärtszählen von b. Man erhält die Formeln

$$(a + b') = (a - b) \text{ und } (a - b') = (a + b),$$

und es gehen Subtraction und Addition in einander über.

14. Man bezeichnet gewöhnlich (nicht eben glücklich) die entgegengesetzten Zahlen statt durch den ′ durch das Vorzeichen minus, weil sie durch Rückwärtszählen von der 0 aus erhalten werden, welches laut III, 2. mit der Subtraction gleichwerthig ist. Da nun die Anzahlen von der 0 aus durch Vorwärtszählen erhalten werden, so können sie auch durch ein vorgesetztes Pluszeichen bezeichnet werden.

15. Die Zahlenreihe hat nun weder Anfang noch Ende, dafür ist ihr Character, sowie auch die Definition der Operationen völlig geändert, nur der eine Zweig wird von den Anzahlen gebildet, der andere enthält nur **Zahlen** d. h. **Inbegriffe gewisser Eigenschaften, welche ihnen durch die Definition und den Grundsatz beigelegt werden.** Dass die 0 durch «Nichts» und die Glieder vor 0 durch den Gegensatz in Bezug auf die Grundelemente aufgefasst werden können, ist arithmetisch nicht wesentlich, wenngleich thatsächlich der Grund der Entwickelung. Es braucht wohl kaum bemerkt zu werden, dass es bei einer ersten Durchnahme sich empfiehlt, von dem Begriff des Gegensatzes auszugehen und denselben zuvor an Beispielen wie Vermögen und Schulden, Zug und Druck, Bewegung nach vorwärts und rückwärts etc. klar zu machen.

16. Die Definitionen der Operationen lauten:

a und b addiren heisst: in der Zahlenreihe von a aus die $|\,b\,|$* folgenden Glieder der Reihe nach vorwärts oder rückwärts abzählen, je nachdem b das Vorzeichen + oder — hat.

b von a subtrahiren heisst: $|\,b\,|$ rückwärts oder vorwärts abzählen, je nachdem b das Vorzeichen + oder — hat.

a mit b multipliciren heisst: eine Zahl so aus a oder a' bilden, wie b aus 1 oder 1′ gebildet ist.

Insbesondere merken wir die Formeln an:

$$a + (- b) = a - b, \quad a - (- b) = a + b.$$
$$(+ a) \cdot (+ b) = + ab, \quad (- a) \cdot (+ b) = - ab.$$
$$(+ a) \cdot (- b) = - ab, \quad (- a) \cdot (- b) = + ab.$$

---

* Man muss beispielsweise in 7′ die Anzahl 7 hervorheben, insofern 7′ das 7te Glied von 0 rückwärts gezählt ist, und diese Anzahl in 7′ werde durch $|\,7'\,|$ bezeichnet. Für 7 ist $|\,7\,| = 7$.

IV. Die Division.

1. Die Subtraction entspringt aus unserer Fähigkeit, die Einheit, welche wir in die Vielheit hineingelegt haben, wieder aufzuheben; wird verlangt, dass die Theilcomplexe von gleicher Anzahl seien, so haben wir die Division.

Rein mathematisch heisst ihr Problem, einer gegebenen Zahl z (Dividendus genannt) die Form einer Summe von gleichen Summanden, d. h. eines Productes zu geben; dabei kann entweder die Anzahl der Summanden, also der Multiplicator, vorgegeben sein oder der wiederkehrende Zahlenwerth der Summanden, also der Multiplicandus. Im ersten Falle heisst die Division: Theilung, ihr Resultat: Theil; im anderen Falle Messung (Aufsuchung des Verhältnisses), ihr Resultat: Maasszahl oder Verhältniss; der gegebene Factor heisst Divisor. Das Zeichen für die Division ist $a : b$.

2. Wenn $xa = ay$, so ist, da nach III, 17. $ay = ya$, $x = y$. Es kann daher jede der beiden Operationen durch die andere ersetzt werden; sie fliessen in eine zusammen, Division genannt, und das, wie eben bewiesen, wenn überhaupt vorhanden, bestimmte (eindeutige) Resultat heisst Quotient.

3. Die Division ist enthalten in der Auflösung der Gleichung $xa = c$ oder $ax = c$; die Auflösung geschieht analog wie die von $a + x = c$ oder $x + a = c$ durch Experimentiren, unter Benutzung des Umstandes, dass der von dem jedes Mal gewählten Werte des x abhängige Ausdruck (die Function von x) ax mit wachsendem x beständig wächst, resp. beständig abnimmt, je nachdem $a > 0$ oder $a < 0$ ist. Der Fall $a = 0$ bedarf einer besonderen Behandlung.

Soll z. B. $x \cdot 7 = 91$ sein, so zeigt ein Versuch, dass $10 < x$, ein zweiter, dass $20 > x$; und wir wissen zugleich, dass alle Zahlen < 10 zu klein, alle > 20 zu gross sind, und brauchen daher nur das Intervall zwischen 10 und 20 abzusuchen. Ein weiterer Fortschritt liegt darin, dass wir $x = 10 + x'$ setzen, wobei wir wissen, dass $0 < x' < 10$ ist; dann ist $7\,x' = 21$; $x' = 3$.

Das Verfahren besteht also allgemein darin, dass wir x in Grenzen einschliessen und die Grenzen enger und enger ziehen, wobei nach Cap. II. die Anzahl der Versuche eine beschränkte ist, und wodurch gleich die Frage, ob überhaupt die Gleichung auflösbar, i. e. die Division ausführbar ist, entschieden wird; der Gesichtspunkt der Gleichung ist der umfassendere, und es ist streng genommen ein logischer Fehler, zu sagen: $7\,x = 91$ werde durch Division gelöst, da vielmehr umgekehrt die Division durch Auflösung der Gleichung ausgeführt wird; cf. Cap. über Gleichungen.

4. Ist der Divisor $a = 0$, und ist der Dividendus c nicht $= 0$, so findet sich in der Zahlenreihe kein Quotient; ist c auch $= 0$, so ist jede Zahl Quotient, die Division unbestimmt. Da nun für 0 doch eine Ausnahme gemacht werden muss — ein Umstand, der an sich es rechtfertigt, die Division zuletzt zu entwickeln —, so entschliessen wir uns, die Division für den Divisor 0 zu verbieten.

5. Ist $a < 0$, so führen wir die Division durch die Formel
$$|\,a\,|\cdot|\,x\,| = (-\,|\,a\,|)\cdot(-\,|\,x\,|)\ \text{etc.}$$ auf den Fall, wo Dividend und Divisor Anzahlen sind, zurück, und dies werden wir in diesem Capitel fortab ausschliesslich voraussetzen.

6. Steht die Tabelle, welche den Verlauf von $a \cdot b$ giebt, das Einmaleins, zur Verfügung, so hat man nur nöthig, die $a$te horizontale, resp. vertikale Reihe zu durchmustern, bis man c findet. Der Index der betreffenden Vertical- resp. Horizontal-Reihe ist dann der Quotient. Da die Tabelle nur unvollständig, so kann für die Division grösserer Dividenden der sich unmittelbar aus dem Begriffe der Division ergebende Satz benutzt werden:
$$(b\,a + c\,a + d\,a + \ldots\ldots): a = (b + c + d + \ldots\ldots).$$
Wir merken ebenso die Formel an: $(b\,a - c\,a): a = (b - c)$.

7. Beide, im Grunde identische, Methoden zeigen, dass die Division in der Regel nicht ausführbar; wenn sie ausführbar ist, so heisst c durch a theilbar, a ein Theiler oder Factor

von c; ist c nicht durch a theilbar, so muss c (cf. 3.) zwischen zwei auf einander folgende Vielfache von a fallen, also von der Form: $ra + \lambda$ sein, wo λ zwischen 0 und a; daraus folgt sofort, dass von je a auf einander folgenden Zahlen stets eine und nur eine durch a theilbar; λ heisst der Rest der Division von c durch a.

8. Da $qa + 0 = qa$, so ergiebt sich bei der Division jeder Zahl ein Rest aus .der Reihe der Zahlen 0, 1, 2, ... $(a - 1)$; zwei Zahlen, welche bei der Division durch a denselben Rest lassen, können in vielen Fällen einander vertreten und heissen congruent in Bezug auf a als Modulus. Zeichen der Congruenz: $\equiv$. Also $9 \equiv 16$ (mod. 7.). Ist $c \equiv d$ (mod. a.), so ist $(c - d) \equiv 0$ (mod. a.) und v. v. Wenn $x \equiv x_1$ und $y \equiv y_1$, so ist $(x \pm y) \equiv (x_1 \pm y_1)$; $xy \equiv x_1 y_1$. Auf dieser Formel beruht die bekannte Neunerprobe.

Dagegen ist nicht nothwendig:
$(x : y) \equiv (x_1 : y_1)$, z. B.
$$5 \cdot 14 \equiv 2 \cdot 2 \ (\text{mod. } 6.);$$
$$14 \equiv 2, \text{ aber nicht: } 5 \equiv 2.$$

9. Da die Multiplicationstabelle zugleich als Divisionstabelle dient, so gewinnt sie eine erhöhte Bedeutung und wird genauer untersucht. Zunächst bemerkt man, dass die Anzahl der geraden Zahlen, der durch 3, 4, etc. durch k theilbaren jedes Mal gerade so gross ist, wie die aller; also, dass die natürliche Zahlenreihe und die $k$te, obwohl die zweite in der ersten enthalten ist, dennoch auf einander abzählbar, also von gleicher Mächtigkeit sind. Aber, während die einzelnen Reihen von gleicher Mächtigkeit sind, tritt ein tiefgreifender Unterschied zwischen den einzelnen Gliedern hervor. Die Zahl 1 erscheint in der Tabelle nur einmal, 2, 3, 5, 7 etc. nur zweimal, während z. B. 4 dreimal, 6 viermal, 12 achtmal erscheint. Die Zahlen, welche nur zweimal vorkommen, heissen Primzahlen, die, welche öfter vorkommen, zusammengesetzte; 1 bildet eine Klasse für sich. Die Primzahl p erscheint nur als erstes Glied der $p$ten Horizontalreihe und als erstes Glied der $p$ten Verti-

calreihe. Sie hat daher nur zwei Theiler: 1 und p, während jede zusammengesetzte Zahl a ausser a und 1 mindestens noch einen Theiler hat. Jede zusammengesetzte Zahl lässt sich darstellen als Product einer endlichen Anzahl von Primzahlen, Primfactoren genannt.

Vergleicht man die $a$te Reihe mit der $p$ten, wo p eine Primzahl bedeutet, so sind entweder alle Zahlen der $a$ten Reihe in der $p$ten enthalten, oder nur ap, $a \cdot 2p$ etc., je nachdem a theilbar durch p oder nicht. Denn, wäre z. B. im zweiten Falle ab die erste, wo $p > b$, und würde p zerlegt in $qb + r$, wo $r < b$ und nicht 0, da b nicht 1, so müsste $ar = ap - abq$ ebenfalls durch p theilbar sein. Ebenso ist zwischen ap und $a \cdot 2p$ keine durch p theilbare Zahl etc. Wir haben die Sätze:

1) Ist weder a noch b durch die Primzahl p theilbar, so ist auch $a \cdot b$ nicht durch p theilbar.

2) Ist ein Product durch p theilbar, so muss mindestens einer der Factoren durch p theilbar sein.

3) Jede zusammengesetzte Zahl lässt sich nur auf eine Weise in Primfactoren zerlegen.

Zwei zusammengesetzte Zahlen heissen theilerfremd oder relativ-prim, wenn die Primfactoren des a von denen des b sämmtlich verschieden sind. Sind a und b theilerfremd c, so ist (Satz 1) auch ab theilerfremd c; ist a theilerfremd c, und hat ab mit c den Factor d gemeinsam, so hat auch b mit c den Factor d gemeinsam. Sind die Glieder der Reihe: $a_1, a_2, \ldots\ldots a_n$ denen der Reihe: $c_1, c_2, \ldots\ldots$ theilerfremd, so ist jedes Product aus Gliedern der einen Reihe jedem aus Gliedern der anderen theilerfremd; insbesondere, wenn a und c theilerfremd, sind es a^n und c^n auch.

V. Bruchrechnung.

Der Grund, weshalb die Division im Allgemeinen nicht ausführbar ist, tritt an jedem einzelnen Beispiele zu Tage. Soll $x \times 7 = 93$ sein, so findet sich $13 \times 7 = 91$; $14 \times 7 = 98$, aber zwischen 13 und 14 hat die Zahlenreihe keine Glieder zum Probiren; wir sehen, dass, wenn wieder $x = 10 + x'$ gesetzt wird, $7x' = 23$ sein müsste, aber auch zwischen 3 und 4 fehlen die Glieder; man könnte $x' = 3 + x''$ setzen, dann müsste $7\ x'' = 2$ sein, x'' zwischen 0 und 1 liegen; aber zwischen 0 und 1 sind ebenfalls keine Glieder vorhanden. Umgekehrt, gäbe es zwischen 0 und 1 (ax wächst mit wachsendem x beständig) ein x'', so dass $7x'' = 2$, so wäre $x' = 3 + x''$, $x = 13 + x''$, und es gäbe eine Zahl, welche, mit 13 multiplicirt, 93 giebt. Wir können nun in unsere Zahlenreihe einstellen, was wir wollen, immer unter Wahrung des Grundsatzes: Für die neuen Glieder gelten die alten Regeln. Wir stellen deshalb zwischen 13 und 14 eine Zahl, d. h. Glied der Zahlenreihe ein, welche, mit 7 multiplicirt, 93 giebt. Unser Grundsatz zwingt uns, sie mit $(93 : 7)$ zu bezeichnen und anzunehmen, dass, wenn $7\ x = 93$ und $7\ y = 93$, $x = y$. Also $(93 : 7) = 13 + (2 : 7)$.

Die neuen Zahlen heissen gebrochene Zahlen oder Brüche, der Dividendus: Zähler, der Divisor: Nenner. Wir sehen, dass, um jede Zahl durch 7 dividiren zu können, nur die Einstellung von $(1 : 7)$, $(2 : 7)$, ... $(6 : 7)$, generaliter $(1 : n)$, $(2 : n)$ .... $((n - 1) : n)$ erforderlich ist. Eine genauere Betrachtung zeigt, dass der erste Schritt hinreicht und die Einstellung von $(1 : 7)$, Theileinheit Nr. 7 genannt und als solche geschrieben $\frac{1}{7}$, beziehungsweise von $(1 : n)$, Theileinheit Nr. n, geschrieben $\frac{1}{n}$, alles Weitere nach sich zieht; denn da hiernach $\frac{1}{n} \cdot n = 1$, so haben wir unter Anwendung des Grundsatzes:

$$\left(\frac{1}{b} \cdot a\right) b = \frac{1}{b} \cdot (ab) = \left(\frac{1}{b} \cdot b\right) a = a \text{ und mithin:}$$

$$A.)\ \frac{1}{b} \cdot a = a : b,$$

welche Formel den Hauptsatz der Bruchrechnung enthält und (analog wie s. Z. bei der Subtraction) zeigt, dass vermöge der Theileinheiten, auf welche die Division führt, die Division durch die Multiplication ersetzt werden kann. Aus diesem

Hauptsatze folgt die Versinnlichung der gebrochenen Zahlen durch die wirkliche Theilung der sich wiederholenden Einheitsgrösse, und die Auffassung von $\frac{a}{b}$ als einer Zahl a, welche sich auf die Zählung von Elementen bezieht, welche zu einer früheren in der Beziehung stehen, dass jene aus b von diesen zusammengesetzt ist. Es ist zu bemerken, dass in dem Augenblicke, in welchem wir in der Multiplication b Elemente zu einem complicirten Elemente zusammenfassen, wir schon den für die Bruchrechnung entscheidenden Schritt gethan haben, die Einheit als Mehrheit zu betrachten.

Wir erhalten jetzt zu den unendlich vielen Zahlenreihen der Multiplicationstabelle — Reihen der Nebeneinheiten — ebensoviele Reihen der Theileinheiten. Der Wiederholung von b entspricht die Wiederholung von $\frac{1}{b}$. Alle diese Reihen befolgen das gemeinschaftliche Gesetz, dass jedes folgende Glied aus dem vorhergehenden durch Addition derselben Zahl hervorgeht. Auch die Theilreihe Nr. b, obwohl $b$mal so dicht als die Hauptreihe, ist auf der Hauptreihe abzählbar, also von gleicher Mächtigkeit wie die $b$mal so weite Nebenreihe. Auch der Sinn von Theileinheiten wie $-\frac{1}{7}$ etc. ist jetzt klar; den absoluten Betrag von $\frac{a}{b}$ definiren wir durch $\frac{|a|}{|b|}$ und bezeichnen denselben durch $\left|\frac{a}{b}\right|$.

Die Addition und Subtraction wird nur definirt für gleichnamige Brüche, wo dann $\frac{a}{b} \pm \frac{c}{b}$ heisst, in der Theilreihe Nr. b von a aus die c folgenden Glieder vorwärts, resp. rückwärts abzählen, und das Resultat $\frac{(a \pm c)}{b}$ ist. Man sieht, dass $\frac{\cdot 1}{b}$ an Stelle von 1 tritt und 1 selbst zu b geworden.

Die gemeinschaftliche Beziehung zur Eins gestattet, zwei beliebige Brüche als Zahlen derselben Theilreihe anzusehen; es ist $\frac{1}{7} \cdot 7 = 1$; $\frac{1}{8} \cdot 8 = 1$; daher auch $\frac{1}{7} \cdot 7 \cdot 8 = 8$;

$$\frac{1}{8} \cdot 8 \cdot 7 = 7; \text{ also } \frac{1}{7} = \frac{8}{56}; \frac{1}{8} = \frac{7}{56}; \text{ allgemein } \frac{a}{b} \cdot bx =$$
ax, mithin
$$B.) \quad \frac{a}{b} = \frac{ax}{bx};$$

in Worten gewöhnlich: Der Werth eines Bruches (d. h. die Stellung in der Reihe sämmtlicher Zahlen) bleibt unverändert, wenn man Zähler und Nenner mit ein und derselben Zahl multiplicirt oder dividirt. Auf der Formel B beruhen die Operationen des Erweiterns und Kürzens (Reduciren). Ein Bruch heisst reducirt, wenn Zähler und Nenner theilerfremd sind.

Es verdient bemerkt zu werden, dass streng genommen das Gleichheitszeichen schon in der Bruchrechnung einen erweiterten Sinn bekommt, da streng genommen $\frac{2}{3}$ und $\frac{4}{6}$ nicht identisch sind, sondern identificirt werden.

Wir sind durch $B.$) im Stande, die Operation der Addition und Subtraction beliebiger Brüche zu vollziehen, und es knüpfen sich an diese Formel die für die Bruchrechnung charakteristischen Probleme: Zu einer Reihe von ganzen Zahlen das kleinste gemeinschaftliche Vielfache (Hauptnenner) und zu zwei ganzen Zahlen den grössten gemeinschaftlichen Theiler zu finden. Beide können durch Zerlegung in Primfactoren erledigt werden.

Aus dem Hauptsatze folgen jetzt auch alle übrigen Regeln der Bruchrechnung:

$$\text{Multiplication}: \frac{a}{b} \cdot x = \left(\frac{1}{b} \cdot a\right) x = \frac{1}{b} \cdot (ax) = \frac{ax}{b};$$

$$\text{Division}: \frac{ax}{b} : x = \frac{a}{b}.$$

Wäre der Zähler nicht durch den Divisor theilbar, so müssten wir Theileinheiten von Theileinheiten einführen und so in infinitum; es zeigt sich aber, dass die Theileinheit einer Theileinheit selbst wieder eine Theileinheit ist.

$$\text{Formel}: \frac{1}{b} : x = \frac{1}{bx}, \text{ denn } \frac{1}{b} = \frac{x}{bx};$$

$$\text{und } \frac{a}{b} : x = \frac{a}{bx}, \text{ denn } \frac{a}{b} = \frac{ax}{bx}.$$

So ergiebt sich die scheinbar widerspruchsvolle Regel: Ein Bruch wird dividirt, indem man den Nenner multiplicirt. Was die Multiplication einer Zahl mit einem Bruch betrifft, so definiren wir gemäss dem Grundsatz (Anwendung des commutativen Gesetzes):

$$a \cdot \frac{b}{c} = \frac{b}{c} \cdot a = \frac{a\,b}{c};$$

also kommt die Multiplication mit einem Bruch als Multiplicator darauf hinaus, mit dem Zähler zu multipliciren und mit dem Nenner zu dividiren. Demnach definiren wir auch

$$\frac{a}{b} \cdot \frac{c}{d} = \frac{a\,c}{b\,d} = \frac{c}{d} \cdot \frac{a}{b}.$$

Specieller Fall: $\dfrac{d}{c} \cdot \dfrac{c}{d} = \dfrac{d\,c}{d\,c} = 1$. Zwei Zahlen, deren Product gleich 1 ist, heissen reciprok.

Hinsichtlich der Division durch einen Bruch gilt, wie leicht zu beweisen, der Satz

$$\frac{a}{b} : \frac{c}{d} = \frac{a}{b} \cdot \frac{d}{c};$$

In Worten: Man dividirt durch einen Bruch, indem man mit seinem Reciprocum multiplicirt. — Somit sind sämmtliche Rechnungs-Operationen für die Brüche mit beliebigem Nenner durchgeführt.

Das Zeitraubende der Zerlegung der Nenner in Primfactoren, wie sie z. B. bei der Addition ungleichnamiger Brüche erforderlich, veranlasst, zu untersuchen, ob sich diese Zerlegung nicht umgehen lässt. Dies kann geschehen auf Grund folgenden Satzes:

Ist $a > b$ und $a = b\,q + r$, so sind die Theiler von a und b identisch mit den Theilern von b und r.

Durch fortgesetzte Anwendung dieses Satzes gelangt man nothwendig zu einem Zahlenpaar r_z 0, dessen grösster gemeinschaftlicher Theiler r_z ist, und hat somit in r_z auch den grössten gemeinschaftlichen Theiler gefunden. Immerhin bleibt das Rechnen mit Brüchen verschiedener Nenner äusserst zeitrau-

bend $\left(\frac{1}{3}, \frac{1}{5}, \frac{1}{7}\right.$ haben schon als General-Nenner $105\right)$; deshalb
hat die Noth dahin geführt, nur mit Brüchen zu rechnen,
deren Gleichnamigmachen keine Zeit kostet, d. h. mit Brüchen,
deren Nenner die Grundzahl des Zahlensystems, für uns 10,
und deren Potenzen; und durch die Gesetzgebung sind fast
sämmtliche Hauptmaasse decimal getheilt.

VI. Die Decimal-Brüche.

Ein Decimalbruch ist ein Bruch, dessen Nenner 10 oder
eine Potenz von 10 ist: $\frac{a}{10^k}$; der Decimalbruch ist daher ein
Bruch wie alle anderen, und es gelten für ihn alle Regeln
der Bruchrechnung. Man schreibt einen Decimalbruch gewöhnlich
abgekürzt, indem man den Zähler hinschreibt und soviel
Ziffern von rechts nach links durch ein Komma abschneidet,
als der Exponent des Nenners angiebt, wobei für 10 selbst als
Exponent 1 fingirt wird.

Der Werth eines Decimalbruches bleibt unverändert, wenn
man hinter dem Komma n Nullen anhängt, weil dadurch Zähler
und Nenner mit 10^n multiplicirt werden. Es können daher beliebig viele Decimalbrüche ohne Weiteres auf gleichen Nenner
gebracht werden.

Decimalbrüche werden addirt, subtrahirt, indem man sie mit
den Kommaten unter einander schreibt, etc.

Man sieht hierbei, dass jede einzelne Ziffer hinter dem
Komma so gut eine bestimmte Bedeutung hat, wie jede Ziffer
vor dem Komma; es ist die $k$te Ziffer von den Einern aus
nach rechts durch 10^k dividirt, wie die $k$te nach links mit
10^k multiplicirt ist; man bezeichnet die $k$te Ziffer rechts vom
Komma als $k$te Decimale.

$$\text{Multiplication:} \quad \frac{a}{10^n} \cdot \frac{b}{10^r} = \frac{ab}{10^{n+r}}.$$

Regel: Man multiplicirt ohne Rücksicht auf das Komma
(i. e. Zähler mit Zähler) und streicht von rechts nach links

soviel Decimalstellen durch das Komma ab, als beide Factoren zusammen haben.

Division: Dividendus und Divisor werden gleichnamig gemacht durch Anhängen der nöthigen Anzahl· Nullen, und dann werden die Kommata weggelassen, da $\frac{a}{x} : \frac{b}{x} = \frac{a}{b}$ ist. Da die Division aus der Decimalbruchform herausführen würde, so lässt sich die Aufgabe, einen gewöhnlichen Bruch in einen Decimalbruch zu verwandeln, nicht umgehen.

Sei der Bruch $\frac{a}{b}$ reducirt, so muss $\frac{a}{b} = \frac{x}{10^k}$ sein (10 selbst als 10^1); daher $a \cdot 10^k = x \cdot b$, wo x eine ganze Zahl. Nach Annahme enthält a den Factor b nicht, folglich muss b Factor von 10^k sein, also $b = 2^v 5^c$; man sieht: nur die Brüche, deren Nenner keine anderen Primfactoren als Divisoren der 10, also 2 und 5, enthalten, lassen sich in Decimalbruchform bringen.

Da die Brüche $\frac{a}{b}$ und $\frac{x}{10^k}$ sich hinsichtlich ihrer Grösse vergleichen lassen, indem man sie gleichnamig macht, und die Glieder der Theilreihe Nr. 10^k stets um $\frac{1}{10^k}$ wachsen, so muss, falls b andere Primfactoren als 2 und 5 enthält, sich ein Glied x der Theilreihe 10^k finden, das $< \frac{a}{b}$, während das nächstfolgende $> \frac{a}{b}$. Damit

$$\frac{a}{b} - \frac{x}{10^k} \text{ oder } \frac{a \cdot 10^k - xb}{b \cdot 10^k} < \frac{1}{10^k}$$ sei, ist nur nöthig, dass

$a \cdot 10^k - xb < b$ sei, was dadurch erreicht wird, dass man $a \cdot 10^k$ durch b dividirt, also auf die Form $qb + r$ bringt, $r < b$, und dann $x = q$ setzt. Da die Brüche durch Theile der Haupteinheit versinnlicht werden können und vice versa, und unsere Anschauung an sehr enge Schranken gebunden ist, so kann für die Praxis der Bruch $\frac{a}{b}$ durch $\frac{x}{10^k}$ ersetzt werden; beispielsweise geht für die Zeit unsere Genauigkeit nicht über

$\frac{1}{10}$ Secunde, für die Länge nicht über 0,001 Millimeter, d. h. wir sind nicht im Stande, zu beweisen, dass die von uns gemessene Strecke wirklich die von uns ermessene Maasszahl besitze; es bleibt immer ein Spielraum bis zu $+$ oder $-$ 0,001^{mm}; wir haben, streng genommen, von keiner Strecke eine absolut scharfe Vorstellung, auch wenn wir unsere Vorstellung durch die Messung unterstützen.

Will man z. B. $\frac{5}{7}$ in einen Decimalbruch verwandeln bis auf $\frac{1}{10^6}$, so dividire man 5 000 000 durch 7, giebt 714 285, also $\frac{5}{7} = 0{,}714285 + \frac{\varepsilon}{10^6}$, wo $\varepsilon < 1$.

Es sind nämlich alle auf die $k$te Stelle folgenden Decimalen zusammengenommen $<$ als eine Einheit der $k$ten Stelle. Aus dieser Bemerkung folgt, dass ein gewöhnlicher Bruch in einen Decimalbruch verwandelt werden kann, indem man zunächst die höchste darin enthaltene ganze Zahl, dann die höchste Anzahl der Zehntel, dann der Hundertstel u. s. w. bestimmt:

Schema:

$$a = qb + r, \quad r < b, \frac{a}{b} = q + \frac{r}{b}, \frac{r}{b} < 1$$

$$10r = q_1 b + r_1, \quad r_1 < b, \frac{a}{b} = q + \frac{q_1}{10} + \frac{r_1}{10b}, \frac{r_1}{10b} < \frac{1}{10}$$

$$100 r_1 = q_2 b + r_2, \quad r_2 < b, \frac{a}{b} = q + \frac{q_1}{10} + \frac{q_2}{100} + \frac{r_2}{100b}, \frac{r_2}{100b} < \frac{1}{100}$$

etc.

Beispiel: $\frac{5}{7}$;
$$\begin{aligned} 5 : 7 &= 0, \\ \frac{50}{10} : 7 &= 0{,}7 \text{ etc.} \end{aligned}$$

Dieses Schema giebt das übliche Verfahren.

Hierbei sind wiederum zwei Möglichkeiten: entweder das Verfahren hat von selbst ein Ende, indem einmal der Rest 0 bleibt, oder es hat keines; dann führen wir an einer passenden Stelle das Ende willkürlich herbei. Der erste Fall tritt nur ein, wenn der Nenner von der Form $2^\alpha 5^\beta$ ist, sonst stets der zweite. Im zweiten Falle ist die Anzahl der möglichen Reste

$b - 1$, also muss spätestens bei der $b$ten Division einer der früheren Reste wiederkehren; dann aber kehren auch alle folgenden wieder sammt den zugehörigen Quotienten, und man ist daher im Stande, ohne die Rechnung auszuführen, die Ziffer jeder beliebigen, noch so entfernten Decimale anzugeben, und somit im äussersten Falle von der $b$ten Decimale an den Process mühelos soweit fortzusetzen, als man will. Man schreibt den stets wiederkehrenden Theil der Decimalen nur einmal hin und macht entweder hinter der ersten wiederholten Ziffer einige Punkte, oder überstreicht den wiederkehrenden Theil, die Periode, also z. B. $0,\overline{3125}$ oder $0,31252\ldots$, $0,\overline{714285}$ oder $0,7142857\ldots$

Der gewöhnliche Bruch, wie $\frac{5}{7}$, und der Algorithmus seiner Verwandlung in einen Decimalbruch setzen also eine unendliche Folge von Zahlen, welche vollkommen bestimmt ist, so dass wir sogar im Stande sind, jedes Glied, und sei sein Index noch so gross, für sich allein anzugeben. Statt zu schreiben:

$$\frac{5}{7} = 0,714285 + \frac{\varepsilon}{10^6}, \ \varepsilon < 1, \ \text{schreiben wir}$$

$$\frac{5}{7} = 0,\overline{714285}.$$

Das Gleichheitszeichen hat jetzt zweifellos eine von dem Identitätszeichen völlig verschiedene Bedeutung; $\frac{a}{b} = 0,\overline{\alpha_1 \alpha_2 \alpha_3 \ldots \alpha_\nu}$ ist nur eine Abkürzung dafür, dass $\frac{a}{b}$ in der Zahlenreihe zwischen zwei auf einander folgenden Zahlen mit dem Nenner 10^ν liegt, oder, was dasselbe, dass die Differenz beider Seiten $< \frac{1}{10^\nu}$ ist. Ebenso schreibt man $\frac{5}{7} = 0,\overline{714285}$, eine Gleichung, welche um so genauer, je mehr Stellen auf der rechten Seite factisch in Betracht gezogen werden, und welche in der hier gewählten Form den hypothetischen Satz vertritt: Wenn wir den durch den Strich angedeuteten Process zu Ende führen könnten, so würde die Summe der sämmtlichen Decimalen $\frac{5}{7}$ sein.

Es hindert uns nun Nichts, den betreffenden Process zu Ende geführt zu denken, d. h. der unabgeschlossenen, unendlichen Reihe von Vorstellungen als Neues ein Ende hinzuzudenken, dadurch dass wir eine neue Vorstellung bilden, welche durch die frühere Reihe hervorgerufen wird*; nur durch diese Eigenthümlichkeit unseres Geistes wird z. B. der Uebergang von der Bewegung zur Ruhe begriffen. Dieser gedachte Abschluss einer unendlichen Vorstellungsreihe heisst die Grenze. derselben. Man sieht, dass der Grenzbegriff die bisherigen Zahlen umfasst; denn auch die Anzahlen, wie 5, 7 etc. sind nichts Anderes als Abschluss des Zählprocesses** (cf. I 4. am Ende), und die gebrochenen Zahlen wurden auf Anzahlen von Theil-Einheiten zurückgeführt. Es ist daher der Grenzbegriff Nichts als die nothwendige und natürliche Erweiterung des Begriffes Zahl, und Zahl im allgemeinsten Sinne und Grenze decken sich vollständig.

Die Grenze der wohldefinirten, einfach unendlichen Mannigfaltigkeit von Zahlen, welche der periodische Decimalbruch liefert, z. B. 0,$\overline{714285}$, wobei der Strich nunmehr zur Bezeichnung der Grenze selber dient, definiren wir selbst wieder als Zahl, zum Unterschiede von den bisherigen Zahlarten Reihenzahl*** genannt, und zwar wird diese Zahl dem Bruche $\frac{5}{7}$ identificirt, so dass die Anzahl der Glieder der Zahlenreihe nicht vermehrt wird, und stellen sie also als Glied in die Zahlenreihe ein. Die Berechtigung dazu werden wir, da eine der wesentlichen Voraussetzungen für die bisher giltigen Regeln verletzt ist, nämlich die Endlichkeit, besonders nachweisen müssen. Dies soll jedoch erst

---

  * Ich bemerke ausdrücklich, dass nach meiner Auffassung diese neue Vorstellung eine durch die vorausgegangene Reihe durchaus bestimmte, mit ihr zugleich gesetzte, nicht willkürliche ist. So ruft die sich allmählich verlangsamende Bewegung mit Nothwendigkeit die Vorstellung der Ruhe wach.

  ** Ich denke mir dies so, dass der Act, welcher jedes Zählen abschliesst in der Zahl, selbständig eintreten kann, wenn das Zählen nicht zu Ende geführt wird oder werden kann.

  *** Dieser Ausdruck stammt von Herrn Meyer in Halle.

im folgenden Capitel geschehen, da es für die Zwecke der Bruchrechnung genügt, die Gleichheit zwischen dem gewöhnlichen
Bruch und dem periodischen Decimalbruch, wie oben, zu inter-
pretiren dahin, dass der Unterschied zwischen dem gewöhnlichen Bruche und dem hinlänglich entwickelten Decimalbruch
kleiner gemacht werden kann als jede noch so klein ange-
nommene Zahl.

Bei der numerischen Rechnung ist es nöthig, bei irgend
einer Stelle abzubrechen; die Durchmusterung aller Möglichkeiten zeigt, dass der Fehler stets kleiner gemacht werden
kann als eine halbe Einheit der letzten beibehaltenen Stelle.
Ist die erste fortfallende Decimale nicht grösser als 4, so wird
einfach abgebrochen; ist dieselbe nicht kleiner als 5, so wird
die letzte beibehaltene Stelle um Eins erhöht.

Unter der Voraussetzung, dass die Regeln der Rechnung
mit Reihenzahlen begründet sind, lässt sich auch das Problem
lösen: Wenn eine bestimmte Reihenzahl dieser Art vorgegeben
ist, den Bruch anzugeben, mit welchem sie identificirt wird. Sei

$$x = 0, \overline{a_1\, a_2\, a_3 \ldots\ldots a_r}, \text{ so ist}$$

$$10^r\, x = a_1\, a_2 \ldots a_r, \overline{a_1\, a_2\, a_3 \ldots\ldots a_r},$$

$$x(10^r - 1) = a_1\, a_2\, a_3 \ldots\ldots a_r; \quad x = \frac{a_1\, a_2\, a_3 \ldots\ldots a_r}{9\,9\,9\ldots\ldots 9}$$

$$\text{Sei} \quad y = 0, b_1\, b_2 \ldots\ldots b_k\, \overline{a_1\, a_2 \ldots\ldots a_r}, \text{ so ist}$$

$$10^{k+r}\, y = b_1\, b_2 \ldots\ldots b_k\, a_1\, a_2 \ldots\ldots a_r, \overline{a_1\, a_2 \ldots\ldots a_r}$$

$$10^k\quad y = \qquad\qquad b_1\, b_2 \ldots\ldots b_k, \overline{a_1\, a_2 \ldots\ldots a_r}$$

$$y\,10^k(10^r - 1) = b_1\, b_2 \ldots b_k\, a_1\, a_2 \ldots a_r - b_1\, b_2 \ldots b_k$$

$$y \qquad = \frac{b_1\, b_2 \ldots b_k\, a_1\, a_2 \ldots a_r - b_1\, b_2 \ldots b_k}{9_1\, 9_2 \ldots 9_r\, 0_1\, 0_2 \ldots\ldots 0_k}$$

Die Division eines Polynoms durch ein Polynom beruht auf der Formel:

$$(a_1\, N + a_2\, N + \ldots\ldots a_k\, N + r) : N = a_1 + a_2 + \ldots a_k + \frac{r}{N}$$

Der Divisor wird stets als eine Zahl, als Monom, betrachtet, N,
und man erschöpft den Dividendus allmählich dadurch, dass
man passend gewählte Vielfache des Divisors der Reihe nach
wegnimmt. Zu diesem Zwecke ordnet man Zähler und Nenner

nach fallenden, bezw. steigenden Potenzen einer darin vorkommenden Zahl und sorgt dafür, dass bei jeder Subtraction das höchste bezw. niedrigste Glied wegfällt; dies geschieht dadurch, dass a_i gewählt wird als Quotient des höchsten — niedrigsten — Gliedes im jedesmaligen Reste und des höchsten — niedrigsten — Gliedes des Divisors. Wir notiren die Formel:

$$1 : 1 - x = 1 + x + x^2 \ldots + x^{n-1} + x^n \cdot \frac{1}{1-x},$$

gültig für jeden positiven ganzen Werth des n incl. 0.

_____

VII. Gleichungen ersten Grades.

Jede Operation wurde mit einer besonderen Gleichung identificirt. Alle vier «Species» lassen sich also zusammenfassen unter dem Gesichtspunkte der Gleichung. Das Eigenartige dieses Gesichtspunktes besteht darin, dass wir, noch ehe wir von der Bestimmtheit, ja selbst von der Existenz der resultirenden Zahl die Ueberzeugung haben, schon ein Zeichen dafür einführen, welches wir in Beziehung zu bekannten Zahlen bringen, und durch Versuche, welche der Natur der Beziehung angepasst sind, Existenz und Werth zugleich bestimmen. Eine Gleichung, in welcher auf beiden Seiten eine, zwei, etc. noch zu bestimmende Zahlen vorkommen, heisst eine Bestimmungsgleichung mit einer, zwei, drei etc. Unbekannten. Kommt die Unbekannte nur mit bekannten Zahlen multiplicirt oder dividirt vor, so heisst die Gleichung vom ersten Grade. Alle Gleichungen vom ersten Grade mit einer Unbekannten lassen sich auf einen der bei den 4 Species behandelten Typen zurückführen; diese vier und somit alle hatten ein ganz bestimmtes Ergebniss, und dies findet seinen Ausdruck in den Sätzen: Gleiches zu, von, mal, durch Gleiches giebt Gleiches, mit deren Hülfe eben die Reduction auf einen der 4 Typen bewirkt wird, sowie in der ad hoc herbeigeführten Erweiterung der natürlichen Zahlenreihe durch die entgegengesetzten und gebrochenen Zahlen. Alle werden sie dadurch gelöst, dass man für die Unbekannten Werthe probirt, bis der passende Werth gefunden ist; dabei ist es bequem, dafür zu sorgen, dass die eine Seite, in der Regel

die rechte, einen festen, bestimmten (constanten) Werth hat,
so dass nur die linke Seite sich je nach dem für die Unbekannte probeweise eingeführten Werth ändert, bis die Gleichheit mit der rechten Seite erzielt, die Gleichung «gelöst» ist.
Wir haben hier für die Gleichung ersten Grades dieselbe
Methode, welche die Lösung der Gleichung jeden Grades
giebt: die Unbekannte geht in die Freiveränderliche, die «Unabhängige» (Variable), der Ausdruck auf der linken Seite,
dessen Werth von dem jedesmaligen Werthe der Unabhängigen
abhängt, in die Function dieser Variablen über. Wir bezeichnen
die Unabhängige gern mit x, die Abhängige oder Function
mit y und bedienen uns zur Bezeichnung der Abhängigkeits-
oder functionalen Beziehung gern der Buchstaben f, φ, ψ etc.,
schreiben also: $y = f(x)$.

Die Lösung der Gleichungen ersten Grades führt uns zu
dem Satz:

Jede endliche Folge von Grundoperationen (mit Ausschluss
der verbotenen Division durch 0) an Zahlen unserer Reihe
ergiebt ein ganz bestimmtes Glied der Reihe. Es bilden daher
die ganzen und gebrochenen, positiven und negativen Zahlen
nach dem Ausdrucke Dedekind's «einen Zahlkörper», den
Zahlkörper der rationalen Zahlen. Herr G. Cantor hat gezeigt,
dass die Mächtigkeit dieses Zahlkörpers nicht grösser ist als
diejenige der Anzahlen.

VIII. Vom Rechnen mit benannten Zahlen.

1. Richten wir unsere Aufmerksamkeit nicht nur auf die
Anzahl der Elemente eines Complexes, sondern zugleich
auf die Eigenschaften derselben, so schaffen wir benannte
Zahlen, Zahlengrössen, schlechtweg Grössen genannt. Der
Begriff der Grösse schliesst die Theilbarkeit ein; ist die
Theilbarkeit uneingeschränkt, so heisst die Grösse stetig
oder continuirlich, sonst unstetig oder discontinuirlich.

2. Sind alle Elemente von derselben Beschaffenheit oder vernachlässigen wir die Unterschiede, so haben wir einfach
benannte Zahlen; sind zwei oder mehr Gruppen gleicher

oder gleich gesetzter Elemente — Einheiten, Maassgrössen
— vorhanden, so haben wir zwei- oder mehrfach benannte
Zahlen.

3. Die Addition oder Subtraction beliebig vielfach benannter
Zahlen macht keine Schwierigkeit: Die Summe zweier oder
mehrerer Zahlengrössen ist diejenige dritte Grösse, welche
jede Art von Einheit der Summanden so oft enthält, als
sie in den Summanden zusammengenommen vorkommt, die
Differenz derjenige Complex, den man erhält, wenn man
die Summe derjenigen Differenzen bildet, welche sich auf
jede Art von Einheit einzeln beziehen. Will man die Differenz uneingeschränkt bilden, so muss zu jeder Einheit e
eine entgegengesetzte e' gedacht werden können, oder,
was auf dasselbe hinauskommt, es müssen negative Maass-
zahlen zugelassen werden.

4. Die Multiplication liefert im Allgemeinen unübersteigbare
Hindernisse. Schon wenn man zwei gleich benannte oder
zwei einfach benannte Zahlen multipliciren will, hat man
vor Allem den Sinn des Productes der Einheiten festzu-
setzen; und, wenn dies auch in einzelnen Fällen, wie
1 kg · 1 m gleich 1 Kilogrammmeter, mit Erfolg geschehen
kann, so ist das Product zweier solcher Zahlen von den Factoren der Art nach doch wesentlich verschieden. Wir beschränken uns hier auf das Rechnen mit stetigen, einfachen
und gleichbenannten Grössen, wie Strecken, Flächen etc.,
weil die unstetigen laut Definition nur beschränkte Division
gestatten; dies Rechnen führt aber sofort auf das Rechnen
mit reinen Zahlen zurück, da wir bei allen Zähloperationen
ein für alle Male wissen, dass die Einheit ihre Beschaffenheit nicht ändert, und daher sehr bald unsere Aufmerksamkeit auf dieselbe nicht mehr richten, weshalb wir im
practischen Leben die Beschaffenheit der Einheit als bekannt gar nicht bezeichnen. Bei der Multiplication muss der
Multiplicator stets unbenannt sein, doch ist es Sprachgebrauch,
willkürlich zu sagen a kg · b oder b · a kg. Das Wesen der
Multiplication als Bildung von Zahlenreihen mit geänderter
Einheit tritt sehr scharf hervor; ebenso fallen die beiden Arten
der Division, Theilung und Messung, scharf aus einander. Die

Theilung ist laut Definition der continuirlichen Grösse uneingeschränkt; die Messung aber erfordert noch eine Betrachtung. Der Satz: Das Verhältniss zweier continuirlichen,
gleichartigen Grössen a und b ist eine bestimmte Zahl, gilt
nämlich nur, wenn wir auch Reihenzahlen als Zahlen zu-
lassen, und zwar auch solche, bei denen jede folgende
Decimale nur mit Hilfe der vorhergehenden bestimmt wird.

IX. Vom Rechnen mit Reihenzahlen.

1. **Grundsatz 2.**: Wir haben die Fähigkeit, zu gewissen Vor-
stellungsreihen, welche an sich keinen Abschluss haben,
einen Abschluss zu denken, den Abschluss durch eine neue
Vorstellung herbeizuführen (cf. VI, p. 25). Beispiele: Achilles
und die Schildkröte; Länge der Diagonale des Quadrats etc.;
unter Umständen, insbesondere wenn es sich um Bewegungs-
vorstellungen handelt, wenn die Vernunft die Thatsachen,
welche die Anschauung überliefert, nachconstruiren d. h.
begreifen will, sind wir dazu gezwungen. Dieser hinzuge-
dachte Abschluss heisst die Grenze der Vorstellungsreihe.
Aus dieser Definition folgt, dass die Grenze an sich von
den Gliedern der Reihe unterschieden ist, indem sie als ein
Neues vom Verstande hinzugefügt wird*. Die Vorstellungs-
reihen, von welchen hier die Rede ist, sind Zahlenreihen.
2. Sei: a, $a + 0$, $a + 0 + 0$, ... eine unendliche Reihe
von Zahlen, so fällt sie unter Grundsatz 2, und ihre Grenze
ist a; es liegt auch kein Grund vor, da alle Glieder der
Reihe gleich a sind, den Abschluss sich in anderer Form
zu denken.
3. Ist a_1, a_2, a_3, ... eine unendliche Reihe von Zahlen und
allgemein $a_{r+1} > a_r$, und giebt es eine Zahl a, welcher
die Glieder der Reihe mit wachsendem Index r so nahe
kommen, als man will, ohne sie je zu erreichen, so dass

---

* Dieser Grundsatz gestattet, vom Inbegriff aller natürlichen Zahlen zu
sprechen, d. h. zu dem an sich endlosen Processe der Zahlenbildung einen Abschluss als Anfang neuer Vorstellungen zu denken: die Cantor'sche erste überend-
liche Zahl. Cf. G. Cantor: Grundlagen für eine allgemeine Mannigfaltigkeitslehre.

also für jedes noch so klein vorgegebene $+\varepsilon$ sich ein Index n bestimmen lässt, so dass $a - a_{n+k} < +\varepsilon$, wo k beliebig, so hat die Reihe die Grenze a.

Beispiel: 1; 1,9; 1,99; .... Grenze : 2.

Hierher gehören alle periodischen Decimalbrüche, aber nicht alle Reihen von der Form:

$$1;\ 1 + \frac{1}{x};\ 1 + \frac{1}{x} + \frac{1}{x^2};\ 1 + \frac{1}{x} + \frac{1}{x^2} + \frac{1}{x^3};\ \ldots\ldots$$

sondern nur diejenigen, bei denen $x > 1$, wo dann die Grenze heisst: $\dfrac{x}{x-1}$ (cf. Division durch ein Polynom, p. 27).

4. Sei b_1, b_2, b_3, ... eine Reihe von der Eigenschaft, dass $b_1 > b_2 > b_3$ etc., und es gebe eine Zahl b, so dass $b_{n+k} - b$ stets kleiner $+\varepsilon$, so fällt auch diese Reihe unter Grundsatz 2, und die Grenze derselben nennen wir b.

Beispiel: 2; $2 - \dfrac{1}{2}$; $2 - \dfrac{1}{2} - \dfrac{1}{4}$; .... Grenze 1.

5. Hat im Falle 4 die Grenze den Werth 0, so heisst die Reihe eine «Nullreihe», für welche also $b_i < b_{i-1}$ und b_{n+k} selbst $< \varepsilon$.

Beispiel: 1; 0,1; 0,01; 0,001; .....

6. Alle diese Festsetzungen über die Grenzen bleiben ungeändert, wenn wir den betrachteten Reihen andere beliebige von endlicher Anzahl an bestimmten Stellen einfügen oder eine endliche Anzahl von Gliedern weglassen.

7. Alle diese Reihen, als deren Grenzen wir bekannte Glieder der Zahlenreihe erhalten, haben die gemeinschaftliche Eigenschaft, dass, wenn man die Reihe mit a_1; a_2; a_3; .... bezeichnet, $a_{n+k} - a_n$ dem absoluten Betrage nach $< \varepsilon$ ist, wo ε beliebig klein vorgegeben, n bestimmt und k jede beliebige Anzahl. Es ist nun ein natürlicher Schritt, allgemein die Reihen zu betrachten, welche die hervorgehobene Fundamental-Eigenschaft besitzen, nämlich, dass sich für jedes noch so kleine ε ein Index n findet, so dass $a_{n+k} - a_n$ für jedes k kleiner ε dem absoluten Betrage nach; es ist natürlich,

sagen wir, diese Reihen zu betrachten und ihnen allen
eine Grenze formaliter, wie Herr Cantor, oder nach Grundsatz 2 materialiter zuzuweisen, und für den Fall, dass wir
diese Grenzen nicht unter den bisherigen Zahlen finden,
sie als neue Glieder, neue Zahlen, in unsere Zahlenreihe
einzustellen, vorbehältlich des Nachweises für die Gültigkeit
der Regeln der Rechnung. Diese Reihen heissen «Fundamentalreihen», ihre Grenzen «Reihenzahlen». Wir
führen zunächst Zeichen für dieselben ein, wie für die
früheren Zahlen, mit denen wir operiren; wird die Grenze
durch die Reihe selbst bezeichnet, so schliessen wir die
Reihe in Klammern; also: $a = (a_1; a_2; \ldots)$.

8. Zwei Reihenzahlen heissen gleich, wenn die Reihe der
Differenzen ihrer Glieder eine Nullreihe, und können als
gleich mit demselben Zeichen bezeichnet werden. Giebt
es also eine Reihen- oder gewöhnliche Zahl g, so dass
$g - a_{n+k} < \varepsilon$, so sagen wir $g = a$; insbesondere können
alle Nullreihen mit 0 bezeichnet werden, und dieser Begriff
auch auf Reihen wie $1; - 0{,}1; + 0{,}01; - 0{,}001; + 0{,}0001; \ldots$
ausgedehnt werden, so dass Nullreihe jede Fundamental-
reihe heisst, für welche a_{n+k} dem absoluten Betrage
nach $< \varepsilon$.

Zusatz: Jede Reihenzahl kann mit jedem hinlänglich entfernten Gliede bezeichnet werden; denn
a_{n+k} ist Grenze von $a_{n+k}, a_{n+k}, \ldots$ Die Zahlen, welche
nach diesem Zusatz als Zeichen für die Nullreihen auftreten können, nennen wir unendlich klein; eine solche
kann also kleiner als jede beliebig vorgegebene kleine
Zahl ε werden.

9. Sei $a = (a_1; a_2; \ldots)$ und $b = (b_1; b_2; b_3; \ldots)$, ferner
α eine bestimmte positive Zahl und $a_{n+k} - b_{n+k} > \alpha$,
so heisst $a > b$; ist $b_{n+k} - a_{n+k} > \alpha$, so heisst $a < b$.

Andere als die drei sub 8. und 9. angegebenen Beziehungen,
insbesondere etwa Unbestimmtheit der Differenzen, sind, wie
leicht zu zeigen, bei Fundamentalreihen ausgeschlossen.

10. Ist $a = (a_1; a_2; \ldots)$ und $b = (b_1; b_2; \ldots)$, so existiren
$a \pm b; ab; \dfrac{a}{b}; -$ letzteres nur, wenn b keine Nullreihe

begrenzt, — in der Weise, dass die betreffenden Zeichen Fundamentalreihen begrenzen oder bezeichnen, deren Glieder die entsprechende Zusammensetzung haben. Den Beweis für Addition und Subtraction übergehe ich; ich führe nur 3. und 4. aus.

Sei also $a_{n+k} - a_n < \varepsilon$; $b_{n+k} - b_n < \eta$, wo ε und η beliebig klein. Dann ist

1) $a_{n+k} b_{n+k} - a_n b_n < (a_n + \varepsilon)(b_n + \eta) - a_n b_n$ oder
$$< \varepsilon b_n + \eta a_n + \varepsilon \eta,$$
also auch, wenn etwa $\eta > \varepsilon$,
$$a_{n+k} b_{n+k} - a_n b_n < \eta(b_n + a_n + \varepsilon) \text{ oder}$$
$$< \delta, \text{ wo } \delta \text{ beliebig klein; q. e. d.}$$

2)
$$\frac{a_{n+k}}{b_{n+k}} - \frac{a_n}{b_n} = D < \frac{a_n + \varepsilon}{b_{n+k}} - \frac{a_n}{b_n}$$

$$D < \frac{(a_n + \varepsilon) b_n - a_n b_{n+k}}{b_{n+k} b_n}$$

$$D < \frac{a_n (b_n - b_{n+k}) + \varepsilon b_n}{b_{n+k} b_n}$$

$$D < \frac{a_n |\eta| + \varepsilon b_n}{b_{n+k} b_n} < \delta, \text{ wo } \delta \text{ unendlich}$$

klein, ausser wenn b eine Nullreihe begrenzt. —

Wir haben durch diese Beweise zugleich die Erweiterung der Gleichheit in 8. begründet.

11. Die Definitionen in 10. zeigen, dass die Regeln der Rechnung sämmtlich bestehen bleiben, weil wir die Operationen von den Gliedern der Fundamentalreihe auf die Grenzen übertragen haben.

Die Erweiterung des Zahlbegriffes durch die Reihenzahlen als Grenzen der Fundamentalreihen ist somit gerechtfertigt.

12. Jede endliche Folge von Grund-Operationen auf Glieder der so erweiterten Zahlenreihe erstreckt, führt wieder zu einem bestimmten Gliede der Reihe; ihre Gesammtheit bildet, um mit Dedekind zu reden, den Zahlenkörper der «reellen Zahlen.»

13. Man könnte die Frage aufwerfen, ob etwa eine unendliche Folge von Reihenzahlen zu Neubildungen führen könnte.

Sei $g_1 = (a_1^{(1)} \dots), \dots g_\nu = (a_1^{(\nu)} \dots)$, so ist $g = (g_1; g_2; g_3; \dots.)$ nach 8. $= (a^{(1)}{}_{n+k}; \ a^{(2)}{}_{n+k}; \ a^{(3)}{}_{n+k} \dots.)$, d. h. also g eine reelle Zahl; es versteht sich, dass wir voraussetzen $g_{n+k} - g_n < \varepsilon$ für jedes k.

14. Herr Cantor hat bewiesen, dass die Mächtigkeit des Zahl-körpers der reellen Zahlen in der That von der des Zahl-körpers der rationalen verschieden ist, und zwar hat er auch bewiesen, dass er die nächsthöhere Mächtigkeit besitzt.

15. Man identificirt willkürlich die Mannigfaltigkeit der reellen Zahlen mit der der Punkte einer Linie und bezeichnet sie als Linearcontinuum; beweisen lässt sich nur, dass, wenn g eine Zahl ist, Punkte existiren, deren entsprechende Zah-len von g um weniger abweichen, als ε beträgt.

X. Potenzirung und Radicirung.

a) Potenzirung.

Wie aus der Addition die Multiplication sich abzweigte und das Product, anfänglich nur die Summe von gleichen Sum-manden, zu einer selbständigen Zahlenform wurde, so ent-wickelt sich aus der Multiplication die Potenzirung. Ein Product von n gleichen Factoren, von denen jeder gleich a ist, wurde zur Abkürzung a^n, a hoch n, $n$te Potenz von a genannt; a die Grundzahl, n der Exponent. Als Grundzahl kann jede reelle Zahl auftreten, als Exponent nur die Anzahlen von 2 inclusive. Betrachten wir die Reihe der Potenzen: $a^2; a^3; a^4; \dots.$; das Gesetz der Exponenten ist das ursprüngliche der Zahlenreihe, jeder folgende aus dem vorhergehenden durch Addition der gleichen Zahl, nämlich 1 entstanden; das Gesetz der Reihe der Potenzen lautet: Jedes folgende Glied geht aus dem vorher-gehenden hervor durch Multiplication mit demselben Factor, nämlich a. Wir erhalten daraus sofort die Formel $a^r \cdot a^s = a^{r+s}$, das Grundgesetz und, wie sich zeigen wird, das für die Potenzform characteristische Gesetz: Zwei Potenzen von gleicher Grundzahl werden multiplicirt, indem man ihre Expo-nenten addirt; ebenso $(a^r)^s = a^{rs}$, d. h. sie werden potenzirt, indem man die Exponenten multiplicirt; und $a^r : a^s = a^{r-s}$,

dividirt, indem man die Exponenten subtrahirt. Wír stossen
für die Divisionsregel auf dieselbe Beschränkung, welche wir
seiner Zeit bei der Subtraction überwinden mussten; die Reihe
der Potenzen und die der Exponenten hat einen Anfang. Da
die Exponenten eine Folge aus der natürlichen Zahlenreihe
bilden, so bleibt ihr Gesetz erhalten, wenn wir die Reihe nach
rückwärts fortsetzen durch Einstellung von $1, 0, -1, -2, -3$ etc.;
soll das Gesetz der Potenzen erhalten bleiben, so muss jedes
folgende Glied der Reihe aus dem vorhergehenden durch Multiplication mit a hervorgehen, es muss also definirt werden:

$$a^1 = a^2 : a = a; \ a^0 = a : a = 1; \ a^{-1} = a^0 : a = \frac{1}{a}; \ a^{-1} = \frac{1}{a} :$$

$a = \frac{1}{a^2}; \ a^{-r} = \frac{1}{a^r}$. Da die Gesetze beider Reihen bestehen

bleiben, so bleiben auch die daraus abgeleiteten Regeln, wie
eine leichte Durchmusterung ergiebt, allgemein bestehen.

a^n hat jetzt einen bestimmten Sinn für jedes ganzzahlige n;
allerdings ist der Potenzbegriff in 4 ganz getrennte Stücke
zerrissen, oder eigentlich in 5, da wir mit a^n, wenn n Bruch
oder Reihenzahl, vorläufig gar keinen bestimmten Sinn ver-
binden. Wir könnten allerdings schon von der Forderung, das
wesentliche Gesetz der Potenzreihe aufrecht zu erhalten, die

passende Definition von $a^{\frac{p}{q}}$ finden; indessen enthalten die
bisherigen Sätze, da sie nicht formell auf Potenzen mit gebrochenen Exponenten führen, keinen Zwang, die Reihe zu
erweitern.

Wir merken die Formeln an: $a^r b^r = (ab)^r$ und $a^r : b^r =$
$\left(\dfrac{a}{b}\right)^r$, wenn $b \neq 0$, im strikten Sinne oder im Sinne der Er-
klärung in IX, 10., und ferner: $(-a)^{2r} = a^{2r}; \ (-a)^{2r+1} =$
$- (a^{2r+1})$.

b) Radicirung.

1. Die Gleichung $a^n = b$, in welcher a beliebig und n eine
ganze Zahl bedeutet, ist durch die Definitionen der vorigen
Nummer in Bezug auf b gelöst, d. h. wir sind im Stande,
wenn a und n gegeben, b als bestimmte Zahl zu ermitteln.
Wir können nun die Gleichung ebenso nach a oder nach

n aufzulösen versuchen, d. h. fragen, ob und wie a durch n und b, und ob und wie n durch a und b bestimmt ist; die zweite Frage wird im XIII. Capitel ihre Lösung finden. Die Zahl a, welche unter dem Exponenten n die Zahl b ergiebt, heisst $n$te Wurzel aus b; sie wird bezeichnet als $\sqrt[n]{b}$; b heisst Radicand, n Wurzelexponent.

Die Gleichungen $a^n = b$ und $a = \sqrt[n]{b}$ sind aequivalent, d. h. sie folgen aus einander; doch ist die zweite so lange, bis wir Existenz und Algorithmus der Wurzelausziehung entwickelt haben, eine rein formale.

2. Ist $a^{-n} = b$, $a = \sqrt[-n]{b}$, so ist $a^n = b^{-1}$ und $a = \sqrt[n]{b^{-1}}$. $\sqrt[0]{b}$ ist sinnlos, ausser wenn b gleich 1, und dann ist sie unbestimmt; wir werden daher, unbeschadet der Allgemeinheit, n als eine ganze positive Zahl betrachten.

3. Satz: Wenn $a^n = c^n$ und a und c beide > 0 sind, so ist $a = c$. Der Fall $n = 1$ erledigt sich von selbst; die anderen Fälle veranlassen uns zum ersten Male die $n$te Potenz eines Binoms in Betracht zu ziehen: wir sehen aus dem Multiplicationsgesetz ohne Weiteres, dass $(a + b)^n > a^n$, wenn a und b beide positiv; der Beweis ergiebt sich freilich auch daraus, dass (cf. Multiplication) ein Product schon wächst, selbst wenn nur ein Factor wächst; der Beweis zeigt, dass es höchstens eine positive Wurzel aus einer positiven Zahl giebt; auch wenn a und c beide < 0 sind, gilt derselbe Satz.

4. Hieran schliesst sich die Frage nach der Bestimmtheit von $\sqrt[n]{-b}$. Sei $n = 2r + 1$; wenn $a^{2r+1} = -b$, so ist $(-a)^{2r+1} = b$ und die Radicirung ist wieder auf positive Radicanden zurückgeführt; es giebt daher auch höchstens eine negative Wurzel aus einer negativen Zahl, wenn n ungerade ist. Wenn n gerade ist, $n = 2r$, so ist sowohl a^n als $(-a)^n = (a^r)^2$, also positiv, und wir sehen, es existirt keine reelle Zahl, welche unter einem geraden Exponenten eine negative Zahl ergiebt; wir stehen daher vor der Wahl, entweder die Radicirung negativer Zahlen für gerade Wurzelexponenten zu verbieten, oder den Zahl-

begriff zu erweitern. Man hat sich für das letztere entschieden, eine Entscheidung, die vor allem durch den
Erfolg gerechtfertigt ist; vorläufig aber schliessen wir negative Werthe der Radicanden aus. Wir können sogar unbeschadet der Allgemeinheit b auf ganze positive Zahlen beschränken; denn, wenn $b = \dfrac{p}{q}$, so ist $b = \dfrac{p\,q^{n-1}}{q^n}$ und
$\sqrt[n]{b} = \dfrac{\sqrt[n]{p\,q^{n-1}}}{q}$, vorausgesetzt dass $\sqrt[n]{p\,q^{n-1}}$ existirt.

5. Das Natürlichste zur Ausrechnung von $\sqrt[n]{b}$ oder zur
Lösung der Gleichung $x^n = b$ wäre (cf. Division), eine
Tabelle der $n$ten Potenzen zu entwerfen, welche den Ueberblick über den Verlauf der Function x^n gewähren würde,
unter Einschränkung der Variabeln x auf positive Werthe.
Diese Tabelle ist zwar wegen der unendlich vielen Werthe
des x unausführbar, aber wir können sie, wenigstens für
ganze Werthe von x, beliebig weit fortgesetzt denken; wir
würden aus solcher Tabelle z. B., wenn auch nicht die $\sqrt{2}$,
so doch die $\sqrt{1{,}96}$ als $1{,}4$ entnehmen können. Jedenfalls
tritt bei dieser Betrachtung die für die numerische Berechnung entscheidende Eigenschaft der Function x^n hervor,
mit wachsendem positiven x beständig zu wachsen.

6. Wir kommen jetzt zum Beweise des Satzes: Die positive
$n$te Wurzel aus einer ganzen positiven Zahl ist
entweder eine ganze Zahl oder eine Reihenzahl.

Beweis. Sie kann kein Bruch sein; denn denken wir
uns $\sqrt[n]{b} = \dfrac{p}{q}$, so kann man p und q theilerfremd machen
und es wäre $p^n = q^n\,b$, d. h. dieselbe Zahl auf 2 wesentlich
verschiedene Weisen in Primfactoren zerlegbar. — Weil
die Function x^n mit wachsendem x beständig und über
jede Grenze wächst, so sind daher nur 2 Fälle möglich:
entweder es findet sich eine ganze Zahl, so dass $a^n = b$ ist,
und dann ist in a die $\sqrt[n]{b}$ gefunden; oder es findet sich
eine ganze Zahl a, so dass $a^n < b$ und $(a + 1)^n > b$ ist;
in diesem Falle ist $\sqrt[n]{b}$ keine ganze Zahl und kein Bruch,
sie kann daher, vorausgesetzt dass die Zahl überhaupt

existirt, nur eine Reihenzahl zwischen a und $a + 1$ sein.
Denken wir uns nun die Differenz zwischen den beiden
Grenzen — das Intervall 1 — in p gleiche Theile getheilt,
wo p beliebig gross, und betrachten wir die Reihe a^n;
$\left(a + \frac{1}{p}\right)^n; \left(a + \frac{2}{p}\right)^n \ldots \ldots \left(a + \frac{p}{p}\right)^n$, so wächst dieselbe
beständig und über b hinaus, und es muss sich daher eine
Zahl k finden lassen, so dass $\left(a + \frac{k}{p}\right)^n < b$ und $\left(a + \frac{k+1}{p}\right)^n$
$> b$. Denken wir uns ferner das Intervall $\frac{1}{p}$ in p' gleiche
Theile getheilt und betrachten die Reihe $\left(a + \frac{k}{p}\right)^n; \left(a + \right.$
$\left. \frac{k}{p} + \frac{1}{pp'}\right)^n; \left(a + \frac{k}{p} + \frac{2}{pp'}\right)^n \ldots \ldots \left(a + \frac{k}{p} + \frac{p'}{pp'}\right)^n$,
so giebt es aus demselben Grunde eine Zahl k', so dass
$\left(a + \frac{k}{p} + \frac{k'}{pp'}\right)^n < b$ und $\left(a + \frac{k}{p} + \frac{k'+1}{pp'}\right)^n > b$ ist,
u. s. f. in inf. . . . . . Wir entwickeln auf diese Weise 2
Fundamentalreihen:

a $; a + \dfrac{k}{p}$ $; a + \dfrac{k}{p} + \dfrac{k'}{pp'}$ $; a + \dfrac{k}{p} + \dfrac{k'}{pp'} + \dfrac{k''}{pp'p''}$ . . . . . . α_ν
und
$a + 1; a + \dfrac{k+1}{p}; a + \dfrac{k}{p} + \dfrac{k'+1}{pp'}; a + \dfrac{k}{p} + \dfrac{k'}{pp'} + \dfrac{k''+1}{pp'p''}$ . . . . . . β_ν

mit der Bedingung, dass $k^{(\nu)} < p^{(\nu)}$ ist.

Die Differenzen bilden eine Nullreihe, so dass (IX, 8.)
die Reihen dieselbe Grenze g besitzen, als welche (IX, 8.)
jedes hinlänglich entfernte Glied eintreten kann; die eine
Reihe nimmt nie ab, die andere nie zu; die Reihe der
$n$ten Potenzen ihrer Glieder bilden (IX, 10.) 2 Fundamentalreihen mit der Grenze g^n, von denen die eine beständig
auf b zu wächst, während die andere beständig nach b hin
abnimmt. Da b ja zwischen $\alpha_\nu{}^n$ und $\beta_\nu{}^n$ und $\alpha_{\rho+k} =$
$\beta_{\rho+k}$, also $\alpha_\nu{}^n = \beta_\nu{}^n$ ist, sind die Reihen der Differenzen b
$— \alpha_1{}^n; b — \alpha_2{}^n; \ldots$ und ebenso $\beta_1{}^n — b; \beta_2{}^n — b; \ldots$ Nullreihen, also $b = (\alpha_1{}^n; \alpha_2{}^n; \ldots) = (\beta_1{}^n; \beta_2{}^n \ldots) = g^n$, und
die $n$te Wurzel von b ist in g gefunden.

7. Wir ersehen aus dem vorstehenden Existenzbeweis, dass es unzählig viele Reihen für $\sqrt[n]{b}$ giebt; aber alle diese sind nach 3. einander gleich; zur Controle können wir die Gleichheit ausführlich nachweisen. $b - \alpha_{n+k}{}^n < \varepsilon$; $b - \alpha'_{n+k}{}^n < \eta$; $\alpha_{n+k}{}^n - \alpha'_{n+k}{}^n < \delta$; $\alpha_{n+k}.{}^n = \alpha'_{n+k}{}^n$; $\alpha_{n+k} = \alpha'_{n+k}$; $\alpha = \alpha'$.

$$\text{Satz:}\quad \sqrt[n]{a} \cdot \sqrt[n]{c} = \sqrt[n]{ac}.$$

Beweis: Nach Definition des Productes in § 10 des vorigen Capitels gilt der Satz, dass die Reihenfolge der Factoren beliebig ist, auch für Reihenzahlen; also ist:

$$\left(\sqrt[n]{a}\,\sqrt[n]{c}\right)^n = \left(\sqrt[n]{a}\right)^n \left(\sqrt[n]{c}\right)^n = a \cdot c; \quad \text{q. e. d.};$$

oder, zur Controle der Rechnung mit Reihenzahlen:

$$\sqrt[n]{a} = (\alpha_1; \alpha_2; \ldots.), \sqrt[n]{c} = (\gamma_1; \gamma_2; \ldots.), \sqrt[n]{a} \cdot \sqrt[n]{c} =$$
$$(\alpha_1 \gamma_1; \alpha_2 \gamma_2; \ldots.), (\alpha_{n+k}\,\gamma_{n+k})^n = a_{n+k}\,c_{n+k} =$$
$$(a - \varepsilon)(c - \eta) = ac; \quad \text{q. e. d.}$$

Ebenso $\sqrt[n]{a} : \sqrt[n]{c}$, ausser wenn $c = 0$.

Kurz, da die $n$te Wurzel eine Reihenzahl, so gelten für sie alle Regeln der Rechnung; man nennt die Reihenzahlen, als deren Grenzen sich $n$te Wurzeln ergeben, Irrationalzahlen.

8. Das für den Existenzbeweis durchgeführte Verfahren ist für die numerische Berechnung zu zeitraubend; wir können es jetzt erheblich abkürzen. Wir werden die numerische Berechnung der Quadratwurzel ausführlich behandeln, da alle anderen sich von ihr nur durch den Zeitverbrauch unterscheiden, und wollen das Verfahren gleich an einem Zahlenbeispiel durchführen. Sei $x^2 = 7$, $x = \sqrt{7}$, so finden wir aus der Tabelle der Quadratzahlen: $2 < x < 3$. Statt nun beliebig mit eingeschalteten (interpolirten) Zwischenwerthen zu probiren, machen wir uns klar, dass die Function x^2, welche für $x = 2$ den Wert 4 hat, beständig wächst, und dass daher die Wurzel 2 eine Zunahme x' erleiden muss, so dass das Quadrat eine Zunahme 3 erfährt. Wir werden also veranlasst, die Aenderung der

Function genauer in ihrer Abhängigkeit von der Aenderung der Variablen zu betrachten, und dadurch auf die
Formel: $(a + b)^2 = a^2 + 2ab + b^2 = a^2 + b(2a + b)$
geführt, also wiederum und diesmal sehr energisch auf den
binomischen Satz hingewiesen, der sich nach jeder Hinsicht
als der natürliche Abschluss der elementaren und zugleich
als Ausgangspunkt für die höhere Arithmetik erweist.

Nach dieser Formel für $(a + b)^2$ muss $4\,x' + x'^2 = 3$
sein, und wir wissen, dass $x' < 1$; also $4\,x' < 3$ und
$4\,x' > 2$; $\dfrac{2}{4} < x' < \dfrac{3}{4}$. Wenn wir $x' = \dfrac{5}{8}$ setzen, also

$\sqrt{7} = 2\tfrac{5}{8}$, so ist der Fehler $< \dfrac{1}{8}$.

Wollen wir genauer rechnen, so ermitteln wir zunächst
die Zehntel, zwischen denen x' liegt. $\dfrac{2}{4} = 0{,}5$; $\dfrac{3}{4} = 0{,}75$;
wir geben dem Anfangswerthe 2 der Unabhängigen den
Zuwachs 0,6 und probiren; die Zunahme, welche die Function erleidet, berechnet sich nach der Formel $b(2a + b) =$
$0{,}6 \cdot 4{,}6 = 2{,}76$, also ist der Werth der Function x^2 für
$x = 2{,}6$ gleich 6,76; der Werth 0,7 erweist sich schon als
zu gross für x'.

Der noch einzuholende Zuwachs der Function ist 0,24,
also die Wurzel $x = 2{,}6 + x'$; der durch x' hervorgeru-
fene Zuwachs: $5{,}2\,x' + x'^2$ muss 0,24 sein, und wir wissen
jetzt, dass $x' < 0{,}1$ ist; also

$$5{,}2\,x' < 0{,}24 \text{ und } 5{,}2\,x' > 0{,}23$$

$$x' \text{ zwischen } \dfrac{0{,}24}{5{,}2} \text{ und } \dfrac{0{,}23}{5{,}2};$$

setzen wir für x' den Mittelwerth $+\dfrac{0{,}47}{10{,}4}$, also $x = 2{,}6 +$

$\dfrac{0{,}47}{10{,}4}$, so ist der Fehler kleiner als $\dfrac{0{,}01}{10{,}4}$ oder $< 0{,}001$. Wollen
wir genauer rechnen, so ermitteln wir zunächst die Hun-
dertstel, zwischen denen x' liegt. $0{,}24 : 5{,}2$ und $0{,}23 : 5{,}2$ geben
beide 0,04 ....; also sehen wir, dass für die Zunahme der
Unabhängigen 0,04 etwas zu klein, 0,05 schon zu gross ist.
Der Zuwachs, welchen durch 0,04 die Function x^2 erleidet,

ist $0{,}04 \cdot 5{,}24 = 0{,}2096$, ihr neuer Werth also $6{,}9696$; es bleibt noch einzuholen $0{,}0304$; $x = 2{,}64 + x'$, $x' < 0{,}01$; $5{,}28\ x' + x'^2 = 0{,}0304$; $5{,}28\ x' < 0{,}0304$; $5{,}28\ x' > 0{,}0303$.

x' zwischen $0{,}0304 : 5{,}28$ und $0{,}0303 : 5{,}28$;

Mittelwerth $\dfrac{0{,}0607}{10{,}56}$ genau bis auf weniger als $0{,}00001$.

Die Grenzen für x' fangen beide mit $0{,}005$ an; also ertheilen wir dem x den Zuwachs $0{,}005$, für welchen die Function wächst um $0{,}005 \cdot 5{,}285 = 0{,}026425$; also der neue Werth der Function $x^2 = 0{,}6995025$; noch einzuholen $0{,}003975$, also Zunahme $5{,}29\ x' + x'^2 = 0{,}003975$, $x' < 0{,}001$; $5{,}29\ x' < 0{,}003975$; $5{,}29\ x' > 0{,}003974$; x' zwischen $0{,}003975 : 5{,}29$ und $0{,}003974 : 5{,}29$. Mittelwerth $0{,}007949 : 10{,}58$ für x' genau bis auf weniger als $0{,}00000001$. So fortfahrend sehen wir, dass wir der gesuchten Wurzel so nahe kommen können, als wir wollen; wir entwickeln die beiden Fundamentalreihen, von denen die eine steigend, die andere fallend sich der $\sqrt{7}$ als Grenze nähern. Diese Entwickelung hat den Vortheil, dass der Spielraum der Wurzel bei jedem Schritte mindestens auf den zehnten Theil beschränkt wird, während die Anzahl der dazu nöthigen Versuche auf ein Minimum reducirt wird; ausserdem wird, wenn das Quadrat der Zunahme vernachlässigt werden kann, die Zunahme durch gewöhnliche Division bestimmt. Ferner lässt sich die Fehlergrenze sofort übersehen.

Bezeichnen wir den gefundenen Theil der Wurzel mit a und die Differenz zwischen dem zu erreichenden Werthe 7 und dem erreichten a^2 mit R, so liegt die Zunahme x' stets zwischen $R : 2a$ als oberer Grenze und R, vermindert um eine Einheit seiner letzten Decimale, dividirt durch $2a$ als unterer Grenze. Es entwickelt sich nun das bekannte mechanische Verfahren; ich halte es für einen groben methodischen Fehler, dass die untere Grenze dabei gewöhnlich garnicht benutzt wird.

In analoger Weise vollzieht sich die Cubikwurzel-Ausziehung, die $n$te Wurzel-Ausziehung, nur dass sie, entsprechend, die Entwickelung von $(a + b)^n$ in Summenform, d. h. also den binomischen Satz verlangen. Es ist zweckmässig, eine oder zwei dritte Wurzeln, etwa auch eine vierte oder fünfte passend gewählte auf etwa zwei Stellen ziehen zu lassen; die Zeit, welche zur Einübung des Algorithmus der Cubikwurzel-Ausziehung verwandt wird, halte ich, wie ich dies bereits 1877* ausgesprochen, für weggeworfen.

9. Da $a^{2r} = (-a)^{2r}$, so hat die $\sqrt[2]{a^2}$ ausser a den Werth $-a$; es tritt also hier bei dem einfachsten Falle der Radicirung schon die Mehrdeutigkeit auf, und hierdurch ist die Radicirung schroff von den vier Grund-Operationen getrennt; die complicirteste Gleichung ersten Grades ergiebt, ausser dem Falle $0 \cdot x = 0$, ein einziges Glied der Zahlenreihe, und die einfachste Gleichung des zweiten Grades $x^2 = b$ ergiebt zwei Lösungen: a und $-a$; (die vierte Wurzel deren vier: $\sqrt[4]{a^4} = a, -a, +ia, -ia$.) Insofern sowohl $+a$ als $-a$ quadrirt b geben, werden gewöhnlich beide als $\sqrt{b}$ bezeichnet und nur ausnahmsweise durch die Vorzeichen $+$ und $-$ unterschieden; statt dessen erleidet die Interpretation des Gleichheitszeichens eine neue Erweiterung. Kommen auf einer oder beiden Seiten einer Gleichung Wurzelzeichen (Irrationalitäten) vor, so kann nur geschlossen werden, dass mindestens einer der Werthe auf der linken Seite gleich einem der Werthe der rechten Seite ist. Diese Erweiterung ist zu vermeiden.

10. Wir betrachten nun die Quadratwurzel aus einer negativen Zahl; es ist leicht zu zeigen, dass damit auch eine 2 rte Wurzel aus negativen Zahlen bestimmt ist. Sei $x^2 = -b$; da $\sqrt{a}\,\sqrt{b} = \sqrt{ab}$ und $-b = b \cdot (-1)$, so sehen wir, liegt die Schwierigkeit nur in der $\sqrt{-1}$; existirte diese und folgte sie den Regeln der Rechnung, so würde z. B. $\sqrt{-4} = 2\sqrt{-1}$ sein. Es hindert uns Nichts, den Begriff einer $\sqrt{-1}$ zu fassen als einen Inbegriff gewisser Eigenschaften, zu denen auch gehört, dass dieselbe den Regeln der Rechnung unterworfen sei, d. h. als eine Zahl (cf. III, 15.), ihr Zeichen i. Wir sehen nun, dass diese Zahl von den bisherigen insofern fundamental verschieden

---

* Verhandlungen der Directorenconferenz von 1877.

ist, als die früheren quadrirt eine positive Zahl geben, sie aber eine negative, und es ist auch nicht möglich, sie einzureihen, da $i - a$ kein bekanntes Glied der Reihe giebt. Es bleibt daher Nichts übrig, als i zur Grundlage einer neuen Zahlenreihe zu machen, analog der 1, und den ganzen Zahlenbildungs-Process an ihr zu wiederholen, also ihr entgegengesetzt i' oder $- i$, sowie die Theileinheiten $\frac{i}{n}$ und $\frac{i'}{n}$ einzufügen. Wir bezeichnen i als imaginäre oder mit Gauss als laterale Einheit, definirt durch die Eigenschaft $i^2 = - 1$ und die Forderung, den Rechnungsregeln unterworfen zu sein. Der Zahlbegriff hat eine enorme Erweiterung erfahren, denn es sind auch Zahlen denkbar, welche aus der Combination von reellen und imaginären Zahlen entspringen, complexe Zahlen; und, wenn wir auch die Rechnung mit complexen Zahlen im Zusammenhange noch nicht gleich entwickeln, so sehen wir doch ein, dass jetzt der Inbegriff aller Zahlen die Form annimmt $x + y\,i$, wovon sowohl x als y unabhängig von einander alle reellen Werthe durchläuft; man nennt einen solchen Inbegriff eine doppelt unendliche Mannigfaltigkeit. G. Cantor hat den weittragenden Satz bewiesen, dass die Mächtigkeit selbst einer n fach unendlichen Mannigfaltigkeit von der einer einfachen nicht verschieden, dass also die Menge der complexen Zahlen auf den reellen Zahlen abzählbar ist. Hier kann nur auf die Original-Arbeiten hingewiesen werden.

11. Wenn der Radicand die Form a^m hat, so ist $\sqrt[n]{a^{rn}} = a^r$, da $(a^r)^n = a^m$ ist. Wir gelangen zu dem Satze:

Potenzen werden radicirt, indem man ihre Exponenten durch den Wurzel-Exponenten dividirt.

Dieser Satz führt, uneingeschränkt angewandt, auf Potenzen mit gebrochenen Exponenten, und wir sind jetzt veranlasst, den Potenz-Begriff auf Potenzen mit gebrochenen Exponenten zu erweitern.

Unter $a^{\frac{p}{q}}$ verstehen wir eine bestimmte $\sqrt[q]{a^p}$.

Das Gesetz der Exponenten-Reihe bleibt durch Einschaltung der Brüche mit dem Nenner q, wie wir ja schon wissen, ungeändert; aber auch das Gesetz der Reihe der Potenzen bleibt erhalten; denn, da wir nachgewiesen, dass die $n$ten Wurzeln Zahlen sind, so ist $a^{\frac{p}{q}} = \left(a^{\frac{1}{q}}\right)^p$, und jedes folgende Glied geht aus dem vorigen durch Multiplication mit $a^{\frac{1}{q}}$ hervor. Da die Grundgesetze des Rechnens sich nicht ändern, so bleiben auch die aus ihnen fliessenden Regeln erhalten. Es ist hier aber nöthig, darauf aufmerksam zu machen, dass z. B. a^2 nur eine von den 4ten Wurzeln aus a^{12}, da $- (a)^2$, und $a^2 i$ und $- a^2 i$ es ebenso gut sind. Die Gleichung $a^r = \sqrt[n]{a^{rn}}$ besteht also nur in beschränktem Sinne. Wir wollen deshalb vorläufig, auch wenn $\frac{r}{n}$ ein Bruch ist, unter $a^{\frac{r}{n}}$, wenn a^r positiv ist, die einzige positive, wenn a^r negativ und n ungerade, die einzige negative Wurzel verstehen, und den Fall a^r negativ und n gerade vorläufig ausschliessen. Erst wenn wir die numerische Berechnung der übrigen Wurzeln so vollständig entwickelt haben wie die der Quadratwurzel, wird sich die Vieldeutigkeit der Wurzel und der klare Sinn der Potenz mit gebrochenem Exponenten herausstellen; es muss indessen hier schon bemerkt werden, dass eine völlige Identität zwischen $\sqrt[n]{a^r}$ und $a^{\frac{r}{n}}$ nicht allgemein stattfindet; es ist z. B. $e^{\frac{x}{2}} = e^{\frac{2x}{4}}$, aber $\sqrt{e^x}$ nicht identisch mit $\sqrt[4]{e^{2x}}$.

12. Was die Ausdehnung des Potenzbegriffes auf irrationale Exponenten betrifft, so stossen wir für negative Grundzahlen auf die Schwierigkeit, dass die für die Wurzel entscheidende Eintheilung der Wurzel-Exponenten in gerade und ungerade für irrationale Zahlen sinnlos wird. Ebenso fehlt es an jedem Anhalt zur Definition von Potenzen mit imaginärem Exponenten.

13. Wir wollen nun zeigen, dass die Multiplicationsregel für die Potenzform characteristisch ist.

«Es sei $f(x)$ eine für jeden Werth des x bestimmte (eindeutige) Function von x, welche nicht für alle Werthe des x den constanten Werth 0 hat. Es gelte für je zwei Werthe x und y die Gleichung:

$$1)\ f(x)\,f(y) = f(x+y);$$

dann genügt die Function x dem Potenzbegriff im vollen bisher definirten Umfang.»

Beweis: Aus 1) folgt:

$f(x_1 + x_2 + \ldots x_n) = f(x_1) \cdot f(x_2) \ldots f(x_n)$, daher ferner

2) $f(nx) = (f(x))^n$, worin n ein Zähler grösser als 1;

ferner folgt

3) $f(x)\,f(-x) = f(0); f(0) = f(x) : f(x) = 1.$

Sei $x = 1$, so giebt 2) $f(n) = (f(1))^n$ oder, wenn $f(1) = a$ gesetzt wird: $f(n) = a^n.$

Sei $x = 1$, so ist $f(1) = a = a^1.$

Ist $x = 0$, so ist $f(0) = 1 = a^0.$

Ist $x = -r$, so ist $f(-r) = \dfrac{1}{f(r)} = \dfrac{1}{a^r} = a^{-r}$; ist

$x = \dfrac{p}{q}$, so ist $f\left(\dfrac{p}{q}\right)^q = f\left(q\,\dfrac{p}{q}\right) = f(p) = a^p$;

$$f\left(\frac{p}{q}\right) = \sqrt[q]{a^{\frac{p}{q}}}.$$

Also $f(x) = a^x$ für jeden Werth, für den a^x eine bestimmte Bedeutung hat.

XI. Die quadratische Gleichung.

1. Die Quadratwurzel-Ausziehung ist identisch mit der Auflösung der reinquadratischen Gleichung $z^2 = c$, ihre Lösung war identisch mit der Auflösung der gemischt-quadratischen Gleichung $2ax + x^2 = c - a^2$, wo $z = a + x, x = z - a = \sqrt{c} - a$, und geschah im Grunde durch eine unendliche Kette von Gleichungen des ersten Grades. Jede gemischt-quadratische Gleichung lässt sich auf die Form (Normalform)

$$x^2 + 2ax = b$$

bringen, welche mit der bei der Quadratwurzel-Ausziehung auftretenden identisch wird, sobald man $b = c - a^2$ setzt,

also $c = a^2 + b$ und folglich $x = z - a = \sqrt{a^2 + b} - a$.
Diese Lösung, die nächstliegende, kommt, wie wir sehen,
darauf hinaus, an Stelle der. Variabeln x in die Gleichung
die Variable $z = x + a$ einzuführen, d. h. statt x zu
substituiren $z - a$, wodurch die Function auf der linken
Seite übergeht in $z^2 - a^2$, sich also die reinquadratische
Gleichung $z^2 = a^2 + b$ ergiebt. Wir sehen daraus, dass x
die beiden Werthe $x_1 = - a + \sqrt{a^2 + b}$ und
$$x_2 = - a - \sqrt{a^2 + b}$$
annehmen kann, und nur diese wegen der Aequivalenz
der Gleichung in x und z. Die Normalform ändern wir
etwas ab und geben ihr die gewöhnliche Form:
$$x^2 + ax + b = 0,$$ wodurch die Lösung
übergeht in: $x_1 = - \dfrac{a}{2} + \sqrt{\dfrac{a^2}{4} - b}$ und
$$x_2 = - \dfrac{a}{2} - \sqrt{\dfrac{a^2}{4} - b},$$ welche die Wurzeln der quadratischen Gleichung heissen.

Wenn $\dfrac{a^2}{4} - b$, die Discriminante der Gleichung, 0 ist,
so hat die Gleichung nur eine Lösung; ist $\dfrac{a^2}{4} - b > 0$,
so hat sie zwei, und ist $\dfrac{a^2}{4} - b < 0$, so hat sie nur Lösungen unter Zuhilfenahme der complexen Zahlen.
Ist a veränderlich und b fest und > 0, so ist $\sqrt{2b}$ der
kleinste Werth, das Minimum des a, für welches die Gleichung eine reelle Lösung hat. Ist a fest und b veränderlich, so ist $\dfrac{a^2}{4}$ der grösste Werth, das Maximum des b.

2. Da die Wurzeln Summe und Differenz derselben beiden
Zahlen, so ist
$$x_1 + x_2 = - a \text{ und}$$
$$x_1 x_2 = b.$$
Das Merkwürdige an diesen fundamentalen Gleichungen
liegt nicht darin, dass a und b sich durch x_1 und x_2 aus-
drücken lassen, da ja x_1 und x_2 Functionen von a und b

sind, sondern darin, dass, während x_1 und x_2 in irrationaler
und complicirter Weise von a und b abhängen, umgekehrt
a und b in einfachster Weise von x_1 und x_2 abhängen; es
sind, abgesehen vom Zeichen, die einfachsten «symmetrischen Verbindungen» der Wurzeln.

3. Ersetzen wir in $f(x)$ a und b durch die symmetrischen
Functionen der Wurzeln, so geht $f(x)$ über in:

$$x^2 - (x_1 + x_2) x + x_1 x_2,$$

d. h. es ist $f(x) = (x - x_1)(x - x_2)$ für jeden Werth des x,
und man sieht, dass die Summe $f(x)$ des zweiten Grades
nur deshalb 0 wird, weil sie sich verwandeln lässt in ein
Product von Factoren des ersten Grades, und ein Product
0 wird, sobald ein Factor 0 wird. Die Gleichung zweiten
Grades $f(x) = 0$ vertritt die Stelle zweier Gleichungen
des ersten Grades:

$$x_1 + \frac{a}{2} - \sqrt{\frac{a^2}{4} - b} = 0$$

$$x_2 + \frac{a}{2} + \sqrt{\frac{a^2}{4} - b} = 0.$$

4. Es ist wichtig, das Resultat in 3. unabhängig von der Auflösung der quadratischen Gleichung zu zeigen.

Seien u und v zwei beliebige Werthe des x, so ist $f(u)$
$- f(v)$ stets durch $u - v$ ohne Rest theilbar, weil beim
Subtrahiren b, das «constante Glied», wegfällt. Es ist:

I. $f(u) - f(v) = (u - v) Q$, wo $Q = u + v + a$;

ist v eine Wurzel x_1, so ist $f(v) = f(x_1) = 0$, und er-
setze ich u, da es ganz willkürlich, durch x, so ist $f(x)$
$= (x - x_1)(x + x_1 + a) = (x - x_1)(x - x_2)$. Die
Gleichung I zeigt, dass $f(x)$ nicht nur den Werth 0 für
zwei Werthe des x annimmt, sondern jeden Werth zwei
Mal annimmt, und dass die Summe der zusammengehörigen
Werthe von x gleich $- a$ ist. Nur den Werth $f\left(-\frac{a}{2}\right)$
gleich $-\left(\frac{a^2}{4} - b\right)$ nimmt die Function blos einmal an. Es
empfiehlt sich, hier den Beweis des Satzes I zu geben, der
von Rechnung frei ist:

Die Division von $f(x)$ durch $x - \alpha$ ergebe für $f(x)$ die Zerlegung $f(x) = (x - \alpha) Q + R$, wo R, da der Divisor in x vom ersten Grade, kein x enthält, also von x unabhängig, d. h. constant ist, wenn x sich ändert. Ist $x = \alpha$, so ist $f(\alpha) = R$, also $f(x) - f(\alpha) = (x - \alpha) Q$, wo Q in Bezug auf x vom ersten Grade, also von der Form $x - \beta$. Es ist daher, wenn x_1 und x_2 die Wurzeln bezeichnen, wobei allerdings noch nicht feststeht, ob diese Zeichen Zahlen vertreten, $f(x) = (x - x_1)(x - x_2)$, woraus, wenn man $x = 0$ setzt, $x_1 x_2 = b$, und, wenn man die gleichen Summanden unterdrückt und $x = 1$ setzt, $x_1 + x_2 = -a$ folgt.

5. Es verdient hervorgehoben zu werden, dass die scheinbare Leichtigkeit der Auflösung der quadratischen Gleichung darauf beruht, dass die wesentliche Arbeit schon bei der Quadratwurzel-Ausziehung geleistet ist. Es ist bildend, bei der Repetition in Prima die directe Lösung durchzuführen, unabhängig von der Quadratwurzel-Ausziehung, und zu zeigen, dass zwischen beiden Algorithmen kein irgendwie wesentlicher Unterschied hervortritt.

Sei $y = f(x) = x^2 + a x + b = 0$, dann handelt es sich darum, einen oder mehrere oder alle Werthe des x zu ermitteln, für welche y oder $f(x)$ den Werth 0 hat. Da der Summand b sich nicht mit x ändert, so kann man auch die Function $\varphi(x) = x^2 + a x = x(x + a)$ betrachten und die zu dem Functionswerthe $- b$ gehörigen x suchen. Man sieht, dass die Auflösung der reinen oder gemischten quadratischen Gleichung, der Divisions- wie der Subtractions-Gleichung specielle Fälle eines sehr allgemeinen Problems sind, nämlich der Umkehrung des Functional-Verhältnisses. Bezeichnen wir $x(x + a)$ mit y, so suchen wir x aus dem gegebenen Werthe des y zu bestimmen, d. h. wir betrachten x als Function von y. Dabei wird sich — und das ist der Unterschied der quadratischen von der Gleichung des ersten Grades — herausstellen, dass, während wieder zu jedem x nur ein y gehört, oder, wie man sich ausdrückt, y eine eindeutige Function von x ist, umgekehrt zu jedem y zwei Werthe des x gehören, x als Function des y zweideutig ist.

Wir haben zunächst, analog Nr. 6 des vorigen Cap., den
Satz: Sind a und b ganze Zahlen, so sind die Wurzeln von
$f(x)$ oder $\varphi(x)$ entweder ganze Zahlen oder irrationale.
Wäre $x = \frac{p}{q}$, wo p und q theilerfremd, so müsste p^2 den
Theiler q haben gegen die Annahme. Dem weiteren Be-
weise liegt wieder der Gedanke zu Grunde, sich einen
Ueberblick über den Verlauf der Function φ zu verschaffen.
Wir beschränken uns jetzt auf den Fall $\varphi(x) = x^2 - ax$,
wo $a > 0$, weil durch Verwandlung des x in $- x$ dieser
in den andern übergeht. Wir sehen: Nimmt x beständig zu
von $- a$ bis 0, so nimmt $\varphi(x)$ beständig ab, obwohl
immer > 0 bleibend, von $2 a^2$ bis 0; wird $x > 0$, so nimmt
φ zunächst immer weiter ab, wird negativ, dann aber fängt
es an zuzunehmen, erreicht für $x = a$ den Werth 0 und
wächst von da ab mit x beständig weiter bis ∞. Dabei
entsprechen unendlich kleinen Zunahmen von x auch unendlich kleine Veränderungen von φ; daher sagt man, $\varphi(x)$
ist eine stetige oder continuirliche Function von x. Genauer
muss noch das Verhalten von φ im Intervall $0 \ldots \ldots a$
untersucht werden. Es liegt nahe, zu vermuthen, dass
$\varphi(x)$ im halben Intervall abnehmen, im andern halben
Intervall zunehmen, und für zwei von $\frac{a}{2}$ gleich weit entfernte Werthe des Argumentes x gleich sein wird. Setzen
wir: $x = \lambda + \frac{a}{2}$, so geht $x - a$ über in $\lambda - \frac{a}{2}$ und $\varphi(x)$ in
$\lambda^2 - \frac{a^2}{4}$. Unsere Vermuthung bestätigt sich: $- \frac{a^2}{4}$ ist der
kleinste Werth von φ, entsprechend $\lambda = 0$, $x = \frac{a}{2}$; und
für $\lambda = + \nu$ oder $\lambda = - \nu$, also $x = \frac{a}{2} + \nu$ und
$\frac{a}{2} - \nu$ sind die Werthe von φ gleich. Es tritt der Grund
der Zweideutigkeit des x deutlich zu Tage: Für zwei Werthe
des x, deren Summe a ist, gehen die Factoren von $\varphi(x)$
in einander über, abgesehen vom Zeichen, und das Product

bleibt ungeändert. Wir haben jetzt 2 Intervalle: — ∞ bis
$\frac{a}{2}$ und $\frac{a}{2}$ bis + ∞; in jedem der Intervalle bewegt sich
φ gleichmässig, im ersten immer fallend, im zweiten immer
steigend; wir sehen, dass der Unterschied zwischen φ (x)
und x^1 nur darin liegt, dass dort a den Werth 0 hat. Da
aber Existenzbeweis und Algorithmus der Quadratwurzel-
Ausziehung nur auf die Eigenschaft der gleichmässigen
und stetigen Veränderung gegründet sind, so gelten die
betreffenden Betrachtungen des vorigen Cap. wörtlich für
φ (x), und wir können für jeden Werth des φ, der zwischen
+ ∞ und — $\frac{a^2}{4}$ liegt, sowohl die positiven als die negativen Werthe des x ermitteln, d. h. Fundamentalreihen
für x aufstellen, eine steigende und eine fallende, welche
sich derselben Grenze, der Wurzel, nähern, während die
φ der Glieder wieder zwei Fundamentalreihen bilden, eine
steigende und eine fallende, deren Grenze der vorgeschriebene
Werth des φ, also — b ist.

Ist $b > \frac{a^2}{4}$, also — $b < — \frac{a^2}{4}$, so giebt es kein reelles x,
für welches φ = — b wird, und die Gleichung $f(x) = 0$
hat keine reelle Lösung.

XII. Von der Rechnung mit complexen Zahlen.

Die quadratischen Gleichungen führen, wenn $b > \frac{a^2}{4}$, auf
Zahlen von der Form $a + ib$, wo i die $\sqrt{-1}$ ist, d. h. ein
Begriff, definirt durch die Gleichung $i^2 = — 1$ und die
Forderung, den Regeln der Rechnung unterworfen zu bleiben,
also eine Zahl zu sein. Es hindert uns Nichts, diesen Begriff, wie jeden anderen, einer Zahlenreihe zu Grunde zu
legen, deren Glieder dann wieder den Gliedern der reellen
Zahlenreihe entsprechen. Wie wir die Reihe der reellen Zahlen
versinnlichen konnten durch die Punktfolge einer Geraden, so
können wir auch die Reihe der «imaginären» Zahlen auf einer
Geraden abbilden; wir können auch beide gleichzeitig abbilden.

Die Rechnung mit complexen Zahlen ist eine Rechnung mit Zahlen zweier fundamental verschiedenen Einheiten, d. h. solcher, die weder durch endliche noch unendliche Folge von Elementar-Operationen sich aus einander ableiten lassen; sie bilden eine zweifach unendliche Mannigfaltigkeit, und sind unentbehrlich, wenn es sich um die Abzählung irgend einer solchen handelt. Ihre Auffassung als wirkliche Zahlen rührt von Gauss her, der in der Anzeige der Theoria residuorum biquadraticorum (C. s.) sagt, wie folgt:

«Positive und negative Zahlen können nur da eine Anwendung finden, wo das Gezählte ein Entgegengesetztes hat, was mit ihm vereinigt gedacht der Vernichtung gleichzustellen ist. Genau besehen findet diese Voraussetzung nur da statt, wo nicht Substanzen (für sich denkbare Gegenstände) sondern Relationen zwischen je zweien Gegenständen das Gezählte sind. Postulirt wird dabei, dass diese Gegenstände auf eine bestimmte Art in eine Reihe geordnet sind z. B. A, B, C, D ..., und dass die Relation des A zu B als der Relation des B zu C u. s. w. gleich betrachtet werden kann. Hier gehört nun zu dem Begriff der Entgegensetzung nichts weiter als der Umtausch der Glieder der Relation, so dass, wenn die Relation (oder der Uebergang) von A zu B als $+ 1$ gilt, die Relation von B zu A durch $- 1$ dargestellt werden muss. Insofern also eine solche Reihe auf beiden Seiten unbegrenzt ist, repräsentirt jede reelle ganze Zahl die Relation eines beliebig als Anfang gewählten Gliedes zu einem bestimmten Gliede der Reihe.

«Sind aber die Gegenstände von solcher Art, dass sie nicht in eine, wenn auch unbegrenzte Reihe geordnet werden können, sondern sich nur in Reihen von Reihen ordnen lassen, oder, was dasselbe ist, bilden sie eine Mannigfaltigkeit von zwei Dimensionen; verhält es sich dann mit den Relationen einer Reihe zu einer andern oder den Uebergängen aus einer in die andere auf eine ähnliche Weise wie vorhin mit den Uebergängen von einem Gliede einer Reihe zu einem andern Gliede derselben Reihe, so bedarf es offenbar zur Abmessung des

Ueberganges von einem Gliede des Systems zu einem
andern ausser den vorigen Einheiten + 1 und — 1 noch
zweier andern unter sich auch entgegengesetzten + i und
— i. Offenbar muss aber dabei noch postulirt werden,
dass die Einheit i allemal den Uebergang von einem
gegebenen Gliede einer Reihe zu einem bestimmten
Gliede der unmittelbar angrenzenden Reihe bezeichne.
Auf diese Weise wird also das System auf eine doppelte
Art in Reihen von Reihen geordnet werden können.

  «Der Mathematiker abstrahirt gänzlich von der Beschaffenheit der Gegenstände und dem Inhalt ihrer Relationen;
er hat es blos mit der Abzählung und Vergleichung der
Relationen unter sich zu thun: insofern ist er ebenso, wie
er den durch + 1 und — 1 bezeichneten Relationen an
sich betrachtet Gleichartigkeit beilegt, solche auf alle vier
Elemente + 1, — 1, + i und — i zu erstrecken befugt».

während z. B. noch Cauchy in der complexen Zahl nur ein
Mittel sieht, zwei Gleichungen in eine zusammenzuziehen oder
eine in zwei zu spalten, da irgend zwei Complexe zweier Einheiten e und i

$$e \cdot a + i\,b \quad \text{und} \quad e\,a' + i\,b'$$

nur gleich sind, wenn $a = a'$ und $b = b'$ ist.
  Die Addition und Subtraction ist gemäss Cap. VIII, 3. zu
definiren:

$$(a + i\,b) + (a' + i\,b') = (a + a') + i\,(b + b').$$

Man sieht sofort, dass das Grundgesetz der Addition unverändert bleibt. Ebenso $(a + i\,b) - (a' + i\,b') = (a - a') -
i\,(b - b')$.
  Da wir zur vollständigen Durchführung der Subtraction i'
oder — i einführen müssen, so wird die Subtraction wieder
auf die Addition der entgegengesetzten Zahlen zurückgeführt.
Die Multiplication und mit ihr die Division macht Schwierigkeit. Um sie zu überwinden, brauchen wir den Grundsatz, dass
sich mit i rechnen lasse wie mit jedem anderen Zahlzeichen,
wobei dann immer i^2 durch — 1 ersetzt werden kann. So gelangen wir zu folgenden Festsetzungen:

Wenn $e = 1$, $e' = 1'$, $i^2 = -1$ ist und wir $-i$ mit i' bezeichnen, so ist:

$$ii = -1; \ i'i' = -1; \ ei = ie = i; \ ei' = i'e = i';$$
$$e'i = ie' = i'; \ e'i' = i'e' = i; \ i'i = +1.$$

Ferner definiren wir:

$$(a + ib)(a' + ib') = (aa' - bb') + i(ab' + ba').$$

Man sieht sofort, dass das Grundgesetz der Multiplication erhalten bleibt. Gauss ordnet die vier Einheiten in der Reihenfolge: $+1$; i; -1, i'; $+1$, und nennt jede die erste adjungirte der unmittelbar vorangehenden; dann gehören zu jeder complexen Zahl $a + ib$ drei adjungirte: $-b + ia$; $-a - ib$; $b - ia$; und es lässt sich für die Multiplication eine Definition geben, welche alle Fälle umfasst:

Das Product zweier complexer Zahlen c und d ist diejenige Zahl cd, welche so aus c und seinen drei adjungirten gebildet ist, wie d aus 1 und ihren drei adjungirten.

Der Quotient $c : d$ ist diejenige Zahl, welche, mit dem Divisor d multiplicirt, den Dividendus c giebt. Wir beweisen die Existenz des Quotienten durch den Satz: Zu jeder complexen Zahl, ausgenommen 0, giebt es eine Reciproke, $d = \dfrac{1}{c}$.

Bew. Sei $c = (a + ib)$, $d = (u + iv)$, so erhalten wir aus $cd = 1$:

$$u = \frac{a}{a^2 + b^2}, \quad v = \frac{-b}{a^2 + b^2},$$

zwei ganz bestimmte Zahlen, ausser wenn $a^2 + b^2 = 0$, d. h. aber $a = 0$, $b = 0$, $c = 0$.

Also $c : c' = (a + ib) \cdot \left(\dfrac{a'}{a'^2 + b'^2} - \dfrac{ib'}{a'^2 + b'^2} \right)$.

Ist $a^2 + b^2 = 1$, so ist $a - ib$ die Reciproke von $a + ib$.

a und b heissen die Coordinaten der complexen Zahl, a die reelle, b die imaginäre (laterale); die positiv genommene $\sqrt{a^2 + b^2}$ heisst der absolute Betrag und wird dadurch bezeichnet, dass man die complexe Zahl in zwei Striche einschliesst, auch wohl mit den Buchstaben r, ρ etc., also $\sqrt{a^2 + b^2} = |c| = r$. Jede complexe Zahl c lässt sich auf die Form bringen $r\left(\dfrac{a}{r} + i\,\dfrac{b}{r} \right)$; bezeichnet man $\dfrac{a}{r}$ mit α, $\dfrac{b}{r}$ mit β, so ist $\alpha^2 + \beta^2 = 1$ und $a + ib = r(\alpha + i\beta)$.

Ist $c = r_{,} (\alpha_{,} + i\beta_{,})$ und $d = r_{,,} (\alpha_{,,} + i\beta_{,,})$, so ist

$$cd = r_{,}r_{,,} [(\alpha_{,} \alpha_{,,} - \beta_{,} \beta_{,,}) + i (\alpha_{,} \beta_{,,} + \beta_{,} \alpha_{,,})].$$

Da $(\alpha_{,}\alpha_{,,} \mp \beta_{,}\beta_{,,})^2 + (\alpha_{,}\beta_{,,} \pm \beta_{,}\alpha_{,,})^2 = (\alpha_{,}^2 + \beta_{,}^2)(\alpha_{,,}^2 + \beta_{,,}^2)$, so ist

$$cd = r_{,}r_{,,} (\gamma + i\delta),$$ wo wieder $\gamma^2 + \delta^2 = 1$ ist.

Complexe Zahlen, wie $(\alpha + i\beta)$, deren absolute Beträge gleich 1, heissen complexe Einheiten.

Wir haben die Sätze: Der absolute Betrag eines Products ist gleich dem Producte der absoluten Beträge der Factoren.

Das Product zweier complexer Einheiten ist wieder eine complexe Einheit.

Der Quotient zweier complexer Einheiten ist wieder eine complexe Einheit.

Wir fügen den Satz hinzu: Der absolute Betrag der Summe zweier complexer Zahlen ist nie grösser als die Summe der absoluten Beträge der Summanden.

Beweis: Es ist
$$(aa' + bb')^2 \leqq (aa' + bb')^2 + (ab' - a'b)^2$$
$$2(aa' + bb') \leqq 2\sqrt{(aa' + bb')^2 + (ab' - a'b)^2}$$
$$\leqq 2\sqrt{(a^2 + b^2)(a'^2 + b'^2)}$$
$$a^2 + a'^2 + b^2 + b'^2 + 2(aa' + bb') \leqq a^2 + b^2 + a'^2 + b'^2 + 2\sqrt{(a^2 + b^2)(a'^2 + b'^2)}$$
$$(a + a')^2 + (b + b')^2 \leqq (\sqrt{(a^2 + b^2)} + \sqrt{a'^2 + b'^2})^2$$
$$\sqrt{(a + a')^2 + (b + b')^2} \leqq \sqrt{a^2 + b^2} + \sqrt{a'^2 + b'^2}$$

q. e. d.

Satz: Eine Reihe complexer Zahlen bildet eine Fundamentalreihe, sobald die Reihe ihrer absoluten Beträge eine Fundamentalreihe bildet.

Der Beweis ergiebt sich daraus, dass ein merkbarer Unterschied auch nur der reellen Coordinaten einen merkbaren Unterschied der absoluten Beträge herbeiführt.

Da jede complexe Zahl das Product einer positiven reellen Zahl (Maasszahl) mit einer complexen Einheit ist, so hat nur die Rechnung mit diesen noch ein Interesse. Wir sehen, dass jede complexe Einheit uns eine vollständige Zahlenreihe ergiebt von der Mächtigkeit des Linearcontinuums; jede dieser Zahlenreihen kann durch eine Gerade abgebildet werden, alle zusammen durch ein die Ebene erfüllendes Strahlenbüschel; trotz dessen ist die Mächtigkeit der Zahlen nicht geändert, wie G. Cantor gezeigt hat. Die Einheiten selbst sind nicht unabhängig von einander, aus je zweien von ihnen lässt sich jede dritte durch Elementaroperationen herleiten. Wollte man Zahlen von mehr als zwei fundamental verschiedenen Einheiten einführen, so liesse sich, wie Weierstrass gezeigt hat, keine Festsetzung so treffen, dass die Regeln der Rechnung bestehen bleiben. (Es kann ein Product 0 werden, ohne dass einer der Factoren es ist, und die Division ist in unzählig vielen Fällen unmöglich).

Die geometrische Repräsentation der complexen Zahlen, die Construction der Summe, der Differenz, des Productes etc. übergehe ich als allgemein bekannt.

Sei $\alpha + i\beta$ eine complexe Einheit, also $\alpha^2 + \beta^2 = 1$, d. h. von den beiden Grössen α und β die eine durch die andere bestimmt; dann können wir beide als Functionen einer dritten Grösse φ ansehen, über welche wir zweckmässige Bestimmungen werden treffen können. Wir setzen $\alpha = c_\varphi$ und $\beta = s_\varphi$ und $\alpha + i\beta = e_\varphi$. Es muss zu jedem φ ein ganz bestimmter Werth des α und β gehören, also c_φ und s_φ müssen den Character eindeutiger Functionen haben.

Da 1. $e_\varphi\, e_\psi = e_\vartheta$ ist; so muss

$$c_\varphi\, c_\psi - s_\varphi\, s_\psi = c_\vartheta \text{ und}$$
$$c_\varphi\, s_\psi + s_\varphi\, c_\psi = s_\vartheta \text{ sein.}$$

Da $e_\varphi : e_\psi = e_{\vartheta'}$ ist, so muss

$$c_\varphi\, c_\psi + s_\varphi\, s_\psi = c_{\vartheta'} \text{ und}$$
$$- c_\varphi\, s_\psi + s_\varphi\, c_\psi = s_{\vartheta'} \text{ sein;}$$

also allgemein

$$e_\varphi\, e_\psi\, e_\chi = e_\vartheta\, e_\chi = e_{\vartheta'} \text{ etc.}$$

Werden die Factoren gleich, so erhält man:

2. $\quad (\alpha + i\,\beta)^n = (e_\varphi)^n = e_\vartheta.$

Wir sehen, dass ϑ durch φ und ψ, und im Falle 2. durch φ und n bestimmt ist. Den weiteren Aufschluss werden wir erst wieder vom binomischen Satze erhalten, obwohl wir schon jetzt einsehen können, dass, da $c\varphi^2 + s\varphi^2 = 1$ ist, $c\varphi = \cos\varphi$ und $s_\varphi = \sin\varphi$ eine zulässige Bestimmung für $c\varphi$ und s_φ ist.

XIII. Der Logarithmus.

1. Die Gleichung $a^n = c$ führte auf die Frage nach n bei gegebenen a und c. Wir lösen sie zunächst formal auf, nennen n den Logarithmus von c im System mit der Grundzahl a.

$$n = \overset{a}{\log} c.$$

Den Existenzbeweis führen wir in derselben Weise wie für $\sqrt[n]{a}$. Das Gelingen des Beweises beruhte dort ausschliesslich darauf, dass x^n, bei festem, positivem n und positivem x, eine Function von x war, welche sich gleichmässig mit x und stetig änderte, d. h. mit beständig wachsendem x ebenfalls beständig zunahm, und so, dass unendlich kleinen Zunahmen des Argumentes x immer unendlich kleine Veränderungen der Function x^n entsprachen. Durch Wiederholung des Gedankenganges in Cap. X, 6. gewinnen wir den Satz:

Wenn $f(x)$ eine eindeutige Function des reellen Argumentes x ist und sich zwischen $x = a$ und $x = b$ gleichmässig und stetig ändert, so gehört zu jedem Werthe der Function zwischen $f(a)$ und $f(b)$ ein und nur ein reeller Werth des x.

Derselbe kann stets durch das genannte Verfahren als Reihenzahl entwickelt werden.

Wir beschränken uns auf Werthe des $a > 1$ und müssen zeigen, dass a^x sich 1) gleichmässig, 2) stetig ändert; 3) müssen wir die Werthe, zwischen denen es sich ändert, betrachten.

Das Erste lässt sich zeigen mit Hilfe des Satzes: Wenn a und b positiv, so ist $ab > a$, $= a$, $< a$, je nachdem $b > 1$, $= 1$, < 1.

Weil nämlich $a^{u+v} = a^u a^v$ und $a^{\frac{p}{q}} = \left(a^{\frac{1}{q}}\right)^p$, so brauchen wir nur zu zeigen, dass $a^{\frac{1}{q}} > 1$. Wäre $a^{\frac{1}{q}} = 1 - \alpha$, wo $\alpha < 1$, so müsste nach dem Hilfssatz $(1 - \alpha)^q < 1 - \alpha$ < 1 sein; es ist aber $(1 - \alpha)^q = a > 1$ nach Annahme, etc.; folglich $a^{u+v} > a^u$. Also: a^x wächst mit wachsendem x beständig.

2. $a^\varepsilon = (1 + \eta)$, wo ε und η unendlich klein.

Beweis: Wenn $\varepsilon < \dfrac{1}{n}$, wo n grösser als jede noch so grosse Zahl, so ist nach 1. $a^\varepsilon < a^{\frac{1}{n}}$. Wäre $a^{\frac{1}{n}} = 1 + \tau$, also $(1 + \tau)^n = a$, wo τ merkbar, so würde $(1 + \tau)^n$, weil $> 1 + \tau n$, grösser als jede noch so grosse Zahl, also $> a$ sein. Da nun $a^\varepsilon > a^0$, nach 1. also > 1, so ist $a^\varepsilon = 1 + \eta$, wo η unendlich klein. Also $a^{x+\varepsilon} = a^x a^\varepsilon = a^x + \eta a^x = a^x + \delta$; also a^x eine stetige Function von x.

Es verdient hervorgehoben zu werden, dass auch zu diesem Beweise erst der binomische Satz führt.

3. Ist $x = -\infty$, so ist $a^x = 0$; ist $x = +\infty$, so ist $a^x = \infty$. Sei $a = 1 + p$, so ist

$$a^n = (1 + p)^n > 1 + np;$$

es ist daher z. B. $a^n > 10$, sobald $n > \dfrac{9}{p}$, und folglich

$$a^{nq} > 10^q;$$ da nun

$$\infty > nq, \text{ so ist } a^\infty > 10^q, \text{ wo } q \text{ so gross ist, als man}$$
will, d. h. $a^\infty = \infty$.

Da $a^{-\nu} = \dfrac{1}{a^\nu}$, so ist $a^{-\infty} = 0$.

4. Wir haben somit bewiesen:

Ist die Grundzahl des Logarithmensystems $a > 1$, so existirt für jede reelle Zahl > 0 ein und nur ein reeller Logarithmus.

5. Ganz analog ist der Existenzbeweis, wenn $a > 0$ und < 1 ist.

Für $a = 1$ und $a = 0$ versagt derselbe.

6. Die numerische Berechnung könnte wie in X, 8. geführt werden, doch wäre der Algorithmus practisch kein durchführbarer. Da die Existenz nachgewiesen, so lässt sich die Rechnung erheblich vereinfachen, da man mit dem Logarithmus jetzt selbst rechnen kann.

Soll z. B. $10^x = 2$ sein, so muss $10^{3x} = 8$

$$10^{4x} = 16$$
$$10^{8x} = 256$$
$$10^{16x} = 65536$$

$$5 > 16\,x > 4;\ \frac{5}{16} > x > \frac{1}{4};$$

$$10^{32x} < 4356000000$$

$$9 < 32\,x < 10;\ x \text{ zwischen } \frac{9}{32} \text{ und } \frac{10}{32};\ \text{setzt man}$$

$$x = 19:64, \text{ so ist der Fehler } < \frac{1}{64}.$$

7. Ist $a > 0$ und $\neq 1$, so können alle positiven Zahlen als Potenzen ein und derselben Grundzahl angesehen werden, und nach den Regeln der Potenzrechnung, welche gerade für die zeitraubenden Rechnungsarten so bequem sind, behandelt werden. Es gehen dann die Formeln der Potenzrechnung über in

$$\log (a\,b) = \log a + \log b;\ \log (a:b) = \log a - \log b.$$
$$\log (a^n) = n \cdot \log a;\ \log \sqrt[n]{a} = \frac{1}{n} \log a.$$

Sobald also der Verlauf der Function a^x in tabellarische Uebersicht gebracht ist, geht die Multiplication in Addition, die Division in Subtraction, die Potenzirung in Multiplication und die Radicirung in Division über. Die Einsicht in diese Uebergänge hat historisch die Veranlassung zur Einführung der Logarithmen gegeben, welche sich erst einbürgerten, als zur Grundzahl die Grundzahl des Ziffersystems, 10, gewählt wurde. Diese Grundzahl hat erstens den Vortheil, dass die «Characteristiken», die Ganzen der Logarithmen, in der Tabelle nicht angeführt zu werden brauchen, weil dieselben mit der Ordnungszahl der höchsten geltenden Ziffer übereinstimmen, und zweitens und hauptsächlichst gilt in diesem System dieselbe Mantisse, d. h. die Decimalen des Logarithmus, für alle Zahlen, welche sich von einander nur durch einen Factor 10^k unterscheiden. Der Uebergang von dem bekannten Logarithmensystem der Grundzahl a zu dem unbekannten der

Grundzahl a' geschieht durch Vermittelung des «Numerus».
Wenn $a^{\nu} = a_1{}^x$, so ist

$$\nu = x \log a_1;$$
$$x = \nu \cdot \frac{1}{\log a_1}.$$

Man sieht, die Quotienten der Logarithmen sind constant.

XIV. Der binomische Satz.

1. Die Regel über die Multiplication einer Summe ergiebt:

$$(x+a)^n = c_0{}^n\, x^n a^0 + c_1{}^n x^{n-1} a^1 \ldots\ldots + c_k{}^n\, x^{n-k}\, a^k \ldots.. + c_n{}^n\, x^0 a^n$$

$$= \sum_{k=0}^{n} c_k{}^n\, x^{n-k}\, a^k,$$ wo die c Zahlen sind, welche von

n und k abhängen, und sich rein rechnerisch bestimmen
liessen; man sieht ohne Weiteres z. B., dass $c_0{}^n = 1; c_n{}^n = 1$
und allgemein $c_k{}^n = c_{n-k}{}^n$ ist, wie auch, dass $c_k{}^n +$
$c_{k-1}{}^n = c_k{}^{(n+1)}$.

Diese letzte Gleichung genügt sowohl in Verbindung mit
dem bekannten Specialfalle $n = 2$, um die Binomialentwickelung successive beliebig hoch hinauf schnell zu bilden,
als auch gestattet sie, allerdings unbequem, den Ausdruck
von $c_k{}^n$ als Function von n und k zu geben. Bei genauer
Ueberlegung tritt aber die Bedeutung des $c_k{}^n$ direct hervor:
$c_k{}^n$ zählt, wie oft das Glied $x^{n-k}\, a^k$ gebildet wird durch
Auswahl von je $n - k$ Gliedern x und k Gliedern a immer
aus je einem Factor; die Abzählung wird durch die Unter-
schiedslosigkeit der Factoren erschwert; man giebt deshalb
den Factoren oder auch nur den Gliedern a fortlaufende
Nummern 1 bis n. Man sieht, $c_k{}^n$ zählt, wie viel elementar
verschiedene Auswahlen sich aus den n Elementen a zu je
k treffen liessen; nur die elementar verschiedenen kommen
in Betracht, denn zwei in den Elementen übereinstimmende
führen wir auf verschiedene Anordnung der Factoren zurück.
Wir müssen jetzt die nothwendigsten Formeln aus der Com-
binatorik, der Zählung von Zählungen, aufstellen.

2. Es kann zunächst gefragt werden, auf wie viel verschiedene Arten gezählt werden kann (cf. L), oder wie viel Anordnungen — Permutationen — sich von n Elementen bilden lassen. Die Anzahl derselben heisse P_n, so ergiebt die Functional-Gleichung $P_n = n \, P_{n-1}$, da $P_1 = 1$:

$$P_n = 1 \cdot 2 \cdot 3 \cdot 4 \ldots n = n! \; (n \text{ Facultät}).$$

Werden aus den n Elementen Anordnungen zu je k getroffen — Variationen der $k$ten Klasse —, so ergiebt sich der Satz: Die Anzahl der Variationen der folgenden Klasse ist gleich derjenigen der vorhergehenden, multiplicirt mit der Anzahl der für jede Form noch verfügbaren Elemente; und daraus, da $V_1^{(n)} = n$ ist,

$$V_k^{(n)} = n \, (n-1) \ldots (n-(k-1)) = \frac{n!}{(n-k)!}$$

Wird schliesslich die Anzahl der elementar verschiedenen Formen von n Elementen zu je k — der Combinationen — gefordert, so gewinnen wir dieselbe durch die an sich verständliche Formel: $P_k \cdot C_k^{(n)} = V_k^{(n)}$, also

$$C_k^{(n)} = \frac{n!}{(n-k)! \, k!}$$
$$= \frac{n \, (n-1) \, (n-2) \ldots (n-(k-1))}{k \, (k-1) \, (k-2) \ldots (k-(k-1))} = \binom{n}{k}, \text{ oder mit}$$

Abel $= n_k$ (gelesen: «n über k» oder «n tief k»).

3. Aus der Bedeutung von n_k als Combinations-Zahl ergeben sich ohne Rechnung die Sätze:

a.) $n_k = n_{n-k}$;

b.) $n_k + n_{k-1} = (n+1)_k$, und

c.) $(n+\nu)_a = n_a \, \nu_0 + n_{a-1} \, \nu_1 + n_{a-2} \, \nu_2 + \ldots n_{a-a} \, \nu_a$.

Alle drei Sätze lassen sich aus der rein arithmetischen Definition ohne Schwierigkeit herleiten und gelten bis auf den ersten für jeden Werth des n durch Schluss von n auf $n+1$. Wir erweitern daher den Bereich der Function n_k auf beliebige Werthe des n, während k auf ganze Zahlen angewiesen bleibt; wir setzen fest $n_0 = 1$; $0_0 = 1$; $n_{-k} = 0$.

4. Der binomische Satz nimmt jetzt die Form an:

$$(x + a)^n = \overset{n}{\underset{0}{\Sigma}}\, n_k\, x^{n-k}\, a^k;$$

da für die Werthe des n, welche zunächst in Betracht kommen, $n_{n+a} = 0$, so können wir auch schreiben:

$$(x + a)^n = \overset{\infty}{\underset{0}{\Sigma}}\, n_k\, x^{n-k}\, a^k.$$

Bei der Wichtigkeit des Satzes geben wir, da der erste Beweis nicht allgemein einleuchtend, noch einen zweiten Beweis. Es gilt die Formel, wie man sich experimentell überzeugt, für $n = 2, 3, 4$ etc. Angenommen, der Satz wäre richtig für den Exponenten n, so zeigen wir, dass er auch gilt für $n + 1$. Es ist

$$(x + a)^{n+1} = \overset{\infty}{\underset{0}{\Sigma}}\, n_k\, x^{n+1-k}\, a^k + \overset{\infty}{\underset{0}{\Sigma}}\, n_k\, x^{n-k}\, a^{k+1}.$$

Da wir in der zweiten Reihe als allgemeines Glied so gut das $k$te wie das $(k+1)$te nehmen können, und $n_{-1} = 0$ ist, so haben wir:

$$(x + a)^{n+1} = \overset{\infty}{\underset{0}{\Sigma}}\, n_k\, x^{n+1-k}\, a^k + \overset{\infty}{\underset{0}{\Sigma}}\, n_{k-1}\, x^{n+1-k}\, a^k$$

$$= \overset{\infty}{\underset{0}{\Sigma}}\, (n_k + n_{k-1})\, x^{n+1-k}\, a^k$$

$$= \overset{\infty}{\underset{0}{\Sigma}}\, (n+1)_k\, x^{n+1-k}\, a^k.$$

Der binomische Satz, bewiesen durch vollständige Induction oder Bernoulli'schen (Kästner'schen) Schluss von n auf $n + 1$, gilt nun für jedes n, das durch Zählen erreicht werden kann, also für den Fall, dass die linke Seite eine Potenz im ursprünglichen Sinne; x und a können beliebig sein, nur müssen sie den Regeln der Rechnung unterthan sein.

5) Wir gehen nun die Erweiterung des Potenzbegriffes der Reihe nach durch; $n = 1$; $(x + a)^1 = x + a$; die rechte Seite $1_0\, x + 1_1\, a = x + a$; der Satz bleibt giltig; $n = 0$;

$$(x + a)^0 = 1; \overset{\infty}{\underset{0}{\Sigma}} = 0_0\, x^0\, a^0 = 1;$$ der Satz gilt noch

immer; ein Unterschied tritt aber doch insofern hervor, als die Gleichheit zwischen der linken und der rechten Seite nicht durch directe Entwickelung, sondern durch Vergleichung mit einer dritten Grösse herbeigezwungen wird.

Jetzt $n = -1$; die linke Seite $\dfrac{1}{x+a}$; die rechte Seite $\overset{\infty}{\underset{0}{\Sigma}} (-1)_k \, x^{-1-k} \, a^k$; giebt eine unendliche Reihe.

Wir vereinfachen zunächst die Formel etwas. Da $(x+a) = x\left(1 + \dfrac{a}{x}\right) = x(1+z)$, wo $z = \dfrac{a}{x}$, so ist die Gleichung $(x+a)^n = \overset{\infty}{\underset{0}{\Sigma}} n_k \, x^{n-k} \, a^k$ äquivalent mit der einfacheren Formel:

$$A) \quad (1+z)^n = \overset{\infty}{\underset{0}{\Sigma}} n_k \, z^k.$$

Für $n = -1$ geht die linke Seite über in $\dfrac{1}{1+z}$, die rechte Seite in $\overset{\infty}{\underset{0}{\Sigma}} (-1)^k \, z^k$.

Die rechte Seite ist die Grenze der Reihe:

$$I) \quad 1; \; 1-z; \; 1-z+z^2; \; 1-z+z^2-z^3; \text{ etc.}$$

Es fragt sich, ob diese Grenze als Zahl der Zahlenreihe existirt, d. h. ob die Reihe eine Fundamentalreihe.

Es ist: $a_{p+k} - a_p = \pm z^p (1 - z + z^2 \ldots \pm z^{k-1})$

Daher: $a_{p+k} - a_p$ dem absoluten Betrage nach:

$$< |z|^p (1 + |z| + |z^2| + \ldots + |z|^{k-1}), \text{ also}$$

$< |z|^p \left(\dfrac{1 - |z|^k}{1 - |z|}\right)$. Wir sehen, sobald $|z| < 1$,

ist $a_{p+k} - a_p < \dfrac{|z|^p}{1 - |z|}$ und kann mit hinlänglichem p kleiner gemacht werden als jede noch so kleine Zahl ε; also hat, wenn $|z| < 1$, unsere Reihe eine Grenze g als bestimmte, der Rechnung unterwerfbare Zahl der Zahlenreihe.

Die linke Seite kann im Falle $n = -1$ auf die Formen gebracht werden:

$II)$ $1 - \dfrac{z}{1+z}$; $1 - z + \dfrac{z^2}{1+z}$; $1 - z + z^2 - \dfrac{z^3}{1+z}$; etc.;

alle Glieder sind gleich $\dfrac{1}{1+z}$; die Grenze der Reihe, γ, also auch $\dfrac{1}{1+z}$.

Der Reihe II. können wir die Form geben:

$$a_1 - \nu_1; \ a_2 - \nu_2; \ a_3 - \nu_3; \ \ldots \ldots a_k - \nu_k \ldots\ldots$$

$$\nu_k = (-1)^k \, \frac{z^k}{1+z}.$$

Bildet man $I - II$, so hat diese Reihe zum allgemeinen Glied $\nu_k = (-1)^{k-1} \dfrac{z^k}{1+z}$, und dieses wird, wenn $|z| < 1$, mit wachsendem k dem absoluten Betrage nach $< \varepsilon$, d. h. die Reihe der Differenzen ist eine Elementarreihe, also

$$g = \gamma = \frac{1}{1+z} = (1+z)^{-1}; \ q. \ e. \ d.$$

Der Satz gilt also für $n = -1$, aber mit der Bedingung, dass $|z| < 1$, d. h. dass die Entwickelung von $(x + a)^n$ nach steigenden Potenzen des kleineren Summanden fortschreitet. Sobald $|z|$ nicht merklich < 1, werden alle Schlüsse, auf welche der Beweis gegründet, hinfällig; die Reihe der Differenzen wird, wenn $|z| > 1$, dem absoluten Betrage nach immer grösser; die Reihen und $\dfrac{1}{1+z}$ divergiren, je mehr Glieder der Reihe man nimmt, um so stärker.

Die Ausdehnung des binomischen Satzes auf negative und gebrochene Exponenten bezeichnet den bedeutendsten Wendepunkt in der Entwickelung der Arithmetik; es tritt damit die unendliche Potenzreihe als berechtigtes Instrument der Entwickelung d. i. Herstellung von Zahlen auf.

Sei nun n eine beliebige Zahl; wir betrachten die Reihe $\overset{\infty}{\underset{0}{\Sigma}} \, n_k \, z^k$; sie ist die Grenze der Reihe:

$I)$ 1; $1 + n_1 z$; $1 + n_1 z + n_2 z^2$; etc....

Es wird zuerst untersucht, ob die Grenze der Reihe als bestimmte Zahl g existirt. Es ist:

$$a_{p+k} - a_p = z^p n_p \left\{ 1 + \frac{n-p}{p+1} z + \ldots\ldots \right.$$
$$\left. \frac{(n-p)(n-(p+1))\ldots(n-(p+k-1))}{(p+1)\cdot(p+2)\ldots(p+k-1)} z^{k-1} \right\}$$
$$= z^p n_p \sigma.$$

$$|\sigma| \leq \left(1 + \frac{n+p+1}{p+1}|z| + \frac{(n+p+1)(n+p+2)}{(p+1)(p+2)}|z|^2 \ldots\ldots \right)$$

Da n eine bestimmte, also endliche Zahl und p ohne Grenze, so kann $\left| \dfrac{n}{p} \right| < \varepsilon$ gemacht werden.

$$|\sigma| \leq (1 + (1+\varepsilon)|z| + \ldots\ldots(1+\varepsilon)^{k-1}|z|^{k-1})$$ und, wenn

$|(1+\varepsilon)z| < 1$, also $|z|$ selbst merklich < 1,

$$|\sigma| \leq \frac{1 - |(1+\varepsilon)z|^k}{1 - |(1+\varepsilon)z|} \leq \frac{1}{1-|z|};$$ also, wenn $|z| < 1$,

$$|a_{p+k} - a_p| < \frac{|z^p n_p|}{1-|z|},$$ welches, da $|z| < 1$, so klein

gemacht werden kann, als man will; also I eine Fundamentalreihe, ihre Grenze g eine Zahl der Zahlenreihe, sobald $|z| < 1$.

Dass nun $g = (1+z)^n$, zeigen wir, wie folgt:

Wenn g, welches bei festem z eine Function von n, $f(n)$, ist, wirklich gleich $(1+z)^n$, so muss $f(n) f(\nu) = f(n+\nu)$ sein; umgekehrt, wenn $f(n) f(\nu) = f(n+\nu)$, so ist $f(n) = (f(1))^n$ in allen Fällen, wo $(f(1))^n$ einen bestimmten Sinn hat.

Es ist:

$$f(n) = 1 + n_1 z + n_2 z^2 + n_3 z^3 + n_4 z^4 \ldots\ldots + n_p z^p + \ldots\ldots$$
$$f(\nu) = 1 + \nu_1 z + \nu_2 z^2 + \nu_3 z^3 + \nu_4 z^4 \ldots\ldots + \nu_p z^p + \ldots\ldots$$

$$f(n)f(\nu) = 1 + z\begin{vmatrix} n_1 \\ + \nu_1 \end{vmatrix} + z^2\begin{vmatrix} n_2 \\ + n_1\nu_1 \\ + \nu_2 \end{vmatrix} + z^3\begin{vmatrix} n_3 \\ + n_2\nu_1 \\ + n_1\nu_2 \\ + \nu_3 \end{vmatrix} + \ldots + z^p\begin{vmatrix} n_p \\ n_{p-1}\nu_1 \\ n_{p-1}\nu_2 \\ \vdots \\ + \nu_p \end{vmatrix} + \ldots$$

$$f(n)f(\nu) = 1 + (n + \nu)_1 z^1 + (n + \nu)_2 z^2 + \ldots + (n + \nu)_p z^p + \ldots,$$
$$f(n)f(\nu) = f(n + \nu),$$
$$f(n) = (f(1))^n = (1 + z)^n; \text{ q. e. d.}$$

Der hier gegebene Beweis bildet den Kern der für die Lehre von der Convergenz so wichtigen Abel'schen Abhandlung XIV. T. I. (n. e.). — Dass die Multiplicationsregel auf $f(n) \cdot f(\nu)$ anwendbar, folgt daraus, dass

$$f(n) < \sum_0^p n_k z^k + \varepsilon; f(\nu) < \sum_0^{p'} \nu_k z^k + \eta, \text{ also}$$

$$f(n) f(\nu) < \sum_0^p n_k z^k \sum_0^{p'} \nu_k z^k + \delta.$$

Es ist ungemein lehrreich, dass die Binomialentwickelung, welche unentbehrlich ist, um den Algorithmus in X, 8. durchzuführen, selbst ausreicht, um die dort gesuchte Wurzel zu geben.

Beispielsweise gebe ich die $\sqrt[3]{1001}$.

$$1001 = 10^3 \left(1 + \frac{1}{10^3}\right) = 10^3 (1 + z);$$
$$1001^{\frac{1}{3}} = 10 \, (1 + z)^{\frac{1}{3}} = 10 \left(1 + \frac{1}{3} z - \frac{1}{9} z^2 + R \right),$$

wo $R < \left(\frac{1}{3}\right)^3 \dfrac{z^3}{1 - z}$.

XV. Die Exponentialfunction.

1. Der binomische Satz in der Form $(1 + z)^n$ ist, wenn $|z| < 1$, an die einzige Bedingung gebunden, dass n endlich $\left(\dfrac{n}{p}\right.$ sonst nicht $< \varepsilon)$; es gilt jetzt, auch diese Bedingung abzustreifen.

Die Hoffnung, dass $\Sigma \, n_k z^k$ bei über jedes Maass wachsendem n bestimmt bleibt, beruht darauf, dass in dem Maasse, wie n_k wächst, z^k abnimmt. Es ist

$$n_k = \frac{n^k}{k!} \left(1 - \frac{1}{n}\right) \left(1 - \frac{2}{n}\right) \ldots \left(1 - \frac{k-1}{n}\right).$$

Wenn also z. B. $z = \dfrac{1}{n}$, so ist

$$n_k z^k = \frac{1}{k!} \left(1 - \frac{1}{n}\right) \ldots \ldots \left(1 - \frac{k-1}{n}\right)$$

und nähert sich mit wachsendem n mehr und mehr dem Ausdrucke $\frac{1}{k!}$. Ist k selbst über jedes Maass gross, so wird der Zähler von $(n_k : n^k)$ unendlich klein und gleichzeitig der Nenner unendlich gross, also das Verhältniss 0.

2. Wir betrachten daher die Reihe:

$I.\ \left(1 + \frac{1}{1}\right)^1;\ \left(1 + \frac{1}{2}\right)^2; \ldots \left(1 + \frac{1}{n}\right)^n \ldots$ oder

$\qquad \frac{2}{1}\quad ;\quad \frac{3}{2} \cdot \frac{3}{2}\ ; \ldots \left(\frac{n+1}{n}\right)^n \ldots$ oder auch

$\qquad \sum\limits_0^\infty 1_k\, 1^k;\ \sum\limits_0^\infty 2_k \left(\frac{1}{2}\right)^k;\ \ldots \sum\limits_0^\infty n_k \left(\frac{1}{n}\right)^k \ldots$

oder auch von der allgemeinen Form:

$$\sum\limits_0^\infty \frac{\left(1 - \frac{1}{n}\right)\left(1 - \frac{2}{n}\right)\ldots\left(1 - \frac{k-1}{n}\right)}{k!}$$

In dieser letzten Form sehen wir, dass die Reihe eine Fundamentalreihe ist, und zwar eine beständig steigende, und ferner, dass die Glieder der Reihe mit wachsendem Index der Zahl $\sum\limits_0^\infty \frac{1}{k!}$ so nahe kommen, als man will, ohne sie je zu erreichen; dass $\sum\limits_0^\infty \frac{1}{k!}$ eine Zahl der Zahlenreihe ist, ist bereits in IX, 4. hervorgehoben. Wir bezeichnen dieselbe mit e und haben somit bewiesen, dass I. die Grenze e hat. In der Form $\frac{2}{1}$ etc. hat diese Grenze die Form 1^∞; es verdient hervorgehoben zu werden, dass, wenn man die steigende Fundamentalreihe

$II.\qquad \frac{1}{2};\ \frac{2}{3} \cdot \frac{2}{3}; \ldots \left(\frac{n}{n+1}\right)^n \ldots$ betrachtet, auch ihre Grenze als 1^∞ angesehen werden muss, während sie sich als $\sum\limits_0^\infty \frac{(-1)^k}{k!}$ ergiebt und nach den Regeln des Cap. IX als $\frac{1}{e}$. Man sieht, dass 1^∞ unbestimmt ist, wenn man den

Process des Werdens nicht kennt, und kann diese Gelegenheit benutzen, um die Unbestimmtheit des Symbols ∞
hervorzuheben, als welches eben nur das Unendliche im
Werden bezeichnet und daher nur eine Art der Veränder-
lichkeit angiebt, ganz analog wie das unendlich Kleine.
Zugleich hat man hier ein natürliches Beispiel der Unste-
tigkeit einer Function, indem $(1 + z)^{\left(\frac{1}{z}\right)}$, wenn z von
$- \varepsilon$ bis $+ \eta$ geht, von $\frac{1}{e}$ auf e springt.

Wir haben also das Resultat:

$$\operatorname*{limes}_{n=\infty}\left(1 + \frac{1}{n}\right)^n = \lim_{n=\infty} {}_k\sum_0^\infty \frac{n_k}{n^k} = \sum_0^\infty \frac{1}{k!} = e = 2{,}7182818\ldots\ldots$$

3. Wir betrachten jetzt die Reihe, deren allgemeines Glied
$\left(1 + \frac{1}{n}\right)^{nx}$. Es ist

$$\left(1+\frac{1}{n}\right)^{nx} = \left((1+\frac{1}{n})^n\right)^x = \sum_0^\infty (nx)_k \frac{1}{n^k} = \sum_0^\infty \frac{x\left(x-\frac{1}{n}\right)\cdots}{k!}$$

Wir sehen: $\operatorname*{limes}\left(1 + \frac{1}{n}\right)^{nx} = \sum_0^\infty \frac{x^k}{k!} = f(x)$.

Wir haben zunächst zu untersuchen, ob $f(x)$ eine Zahl
der Zahlenreihe. Sei $f(x) = \sum_0^\infty \frac{x^k}{k!}$, und x ganz unbeschränkt, nur dem absoluten Betrage nach endlich. Sei
$|x| = \nu$, so ist nach XII, p. 54 $|f(x)| \leqq \sum_0^\infty \frac{\nu^n}{k!}$; da ν
endlich und k über jedes Maass wächst, so wird es unter
den Werthen von k einen Werth p geben, für welchen $\frac{\nu}{p+a}$
für jedes a kleiner ist als eine noch so kleine Zahl ε.
Nun ist

$$\sum_{k=0}^\infty \frac{\nu^n}{k!} = \sum_{k=0}^{p-1} \frac{\nu^n}{k!} + \sum_{k=p}^\infty \frac{\nu^k}{k!} = s_1 + s_2;$$

$$s_2 = \frac{\nu^p}{p!}\left(1 + \frac{\nu}{p+1} + \frac{\nu}{p+1}\cdot\frac{\nu}{p+2}\ldots\ldots\right),$$

$$s_2 < \frac{\nu^p}{p!}\ \frac{1}{1 - \dfrac{\nu}{p+1}}.\ \text{Daher:}$$

$$|f(x)| \leqq s_1 + \frac{\nu^p}{p!}\cdot\frac{1}{1-\varepsilon},\ \text{d. h., da } p \text{ beliebig gross}$$

gewählt werden kann, $|f(x)|$ weicht von der Zahl s_1 so
wenig ab, als man will. Wir haben somit bewiesen, dass
$f(x)$ für jeden Werth des x, dessen absoluter Betrag endlich, einen bestimmten endlichen Werth hat, oder, was
dasselbe sagt, dass die unendliche Reihe $\sum \frac{x^k}{k!}$ im ganzen
endlichen Bereiche des Argumentes x convergirt.
Es hat also die Reihe

III. $\qquad\qquad \left(1 + \dfrac{1}{n}\right)^{nx}$ eine Grenze $f(x)$.

4. Obwohl nun jedes Glied der Reihe III. die $x$te Potenz des
betreffenden Gliedes der Reihe I. ist, so haben wir doch
noch genauer nachzuweisen, dass $f(x)$ die $x$te Potenz von e,
$f(x) = e^x$ ist. Wohl haben wir in IX, 10.—12. nachgewiesen, dass eine endliche Folge von Elementaroperationen
sich von den Gliedern auf die Grenzen übertragen lässt,
aber es handelt sich hier um den Satz: «eine Potenz wird
potenzirt, indem man die Exponenten multiplicirt» für
unendlich hohe Exponenten der Potenz, und dafür ist der
Satz nicht bewiesen. Dass Vorsicht geboten sei, sieht man
aus dem Umgekehrten, indem zwischen den unendlich
entfernten Gliedern und den Grenzen zweier Reihen Beziehungen bestehen können, welche zwischen den erreich-
baren Gliedern der Reihen nicht bestehen; z. B. ist die
Grenze der Reihe

$$\left(1 + \frac{x}{n}\right)^n = \sum_0^\infty \frac{n_k}{n^k}\,x^k \text{ auch gleich } f(x) = \sum_0^\infty \frac{x^k}{k!}.$$

Da wir vermuthen, dass $f(x) = e^x$ ist, und wissen,
dass $f(1) = e$, so werden wir nur nachsehen, ob für die

Function $f(x)$ das Additionstheorem der Potenzen gilt. Es ist

$$f(x)f(y) = \sum_{p=0}^{\infty}\frac{x^p}{p!}\cdot\sum_{p=0}^{\infty}\frac{y^p}{p!} = \sum_{p=0}^{\infty}\sum_{\alpha=0}^{p} x^{p-\alpha}\,y^{\alpha}\cdot\frac{1}{(p-\alpha)!}\cdot\frac{1}{\alpha!};$$

$$= \sum_{0}^{\infty}\frac{1}{p!}\sum_{0}^{p}\frac{p!}{(p-\alpha)!\,\alpha!}\,x^{p-\alpha}\,y^{\alpha};$$

$$= \sum_{0}^{\infty}\frac{(x+y)^p}{p!} = f(x+y).$$

Also $f(x) = e^x$ in allen bisher erklärten Fällen von e^x. Da nun für $f(x)$ das Additionstheorem und somit alle Regeln der Potenzrechnung gelten, und zwar für jeden Werth des x, sobald nur $|x|$ endlich, während in e^x das Argument x auf reelle Zahlen eingeschränkt ist, so kommen wir auf den Gedanken, an Stelle des zerstückelten und unvollständigen Potenzbegriffes die einheitliche Definition zu setzen:

$$e^x = f(x) = \sum_{0}^{\infty}\frac{x^k}{k!},$$ deren Uebereinstimmung mit der

früheren bewiesen ist; sicher, dass für die so definirte Potenz alle Regeln der Potenzrechnung bestehen bleiben.

5. Neu ist der Begriff der Potenz mit complexem Exponenten oder, da $e^{\alpha+i\beta} = e^{\alpha}\,e^{i\beta}$ ist, mit imaginärem Exponenten.

Sei $x = \varphi i$, so wird $e^{\varphi i} = \sum_{0}^{\infty}\frac{\varphi^k\,i^k}{k!}$

$$= \sum_{0}^{\infty}(-1)^k\frac{\varphi^{2k}}{(2k)!} + i\sum_{0}^{\infty}(-1)^k\frac{\varphi^{2k+1}}{(2k+1)!}.$$

Daher, wenn man setzt $e^{\varphi i} = s_1 + is_2$:

$$e^{-\varphi i} = s_1 - is_2 \text{ und}$$
$$e^0 = s_1^2 + s_2^2 = 1.$$

$e^{\varphi i}$ und $e^{-\varphi i}$ sind also complexe Einheiten, und der Gedanke drängt sich auf, s_1 und s_2 als $c\varphi$ und $s\varphi$ anzusehen.

Bezeichnen wir s_1 mit $c(\psi)$ und s_2 mit $s(\varphi)$, so ist:

$$e^{\varphi i} \quad = c(\varphi) + i\,s(\varphi);\ e^{\psi i} = c(\psi) + i\,s(\psi);$$
$$e^{(\varphi+\psi)i} = c(\varphi+\psi) + i\,s(\varphi+\psi)$$
$$\qquad = c(\varphi)\,c(\psi) - s(\varphi)\,s(\psi) + i\,(c(\varphi)\,s(\psi) + s(\varphi)\,c(\psi));$$
$$c(\varphi+\psi) = \qquad c(\varphi)\,c(\psi) - s(\varphi)\,s(\psi)$$
$$s(\varphi+\psi) = \qquad c(\varphi)\,s(\psi) + s(\varphi)\,c(\psi).$$

Die Functionen $c(\varphi)$ und $s(\psi)$ heissen Cosinus und Sinus von φ; wir schreiben die Euler'sche Gleichung noch einmal in der gewöhnlichen Form hin:

$$e^{\pm\varphi i} = \cos\varphi \pm i\sin\varphi,$$

und merken zugleich die sogenannten Moivre'schen Formeln an:

$$(\cos\varphi + i\sin\varphi)(\cos\psi + i\sin\psi) = e^{\varphi i}\,e^{\psi i} = e^{(\varphi+\psi)i}$$
$$= \cos(\varphi+\psi) + i\sin(\varphi+\psi)\ \text{und}$$
$$(\cos\varphi \pm i\sin\varphi)^n = e^{\pm n\varphi i} \qquad = \cos(n\varphi) \pm i\sin(n\varphi).$$

Die Functionen Cosinus und Sinus sind in eine Tabelle gebracht. (Aus der Uebereinstimmung der Anfangswerthe und der Gleichheit der Additionstheoreme schliesst man die Uebereinstimmung mit den trigonometrischen Functionen gleichen Namens; das Argument φ ist die Maasszahl des Bogens, gemessen mit dem Radius).

Die Functionen Cosinus und Sinus genügen den für $c\varphi$ und $s\varphi$ aufgestellten Gleichungen; es giebt zu jedem φ eine complexe Einheit; giebt es nun auch zu jeder complexen Einheit ein φ, so hindert uns Nichts, cosinus und sinus φ mit $c\varphi$ und $s\varphi$ zu identificiren. Wir müssen also in der Gleichung $e^{\varphi i} = \cos\varphi + i\sin\varphi = \alpha + i\beta$ den Werth des φ zu bestimmen suchen.

5. Wir fassen die Aufgabe allgemeiner und suchen zu jedem vorgegebenen Werthe von e^x den Werth des x zu bestimmen; damit wäre zugleich für alle Grundzahlen die einheitliche Definition der Potenz gewonnen, denn, wenn $a = e^\alpha$, so ist

$$a^x = e^{\alpha x} = \sum_0^\infty \frac{\alpha^k\,x^k}{k!}.$$

Wir sehen, dass, wenn wir den Logarithmus nicht schon hätten, wir ihn jetzt betrachten müssten, denn α ist der Logarithmus von a im System der Grundzahl e; die Grundzahl e heisst mit Recht die Basis des natürlichen Logarithmensystems.

Es war $\lim \left(1 + \frac{x}{n}\right)^n = e^x$; mithin ist

$$\lim \left(1 + \frac{\alpha}{n}\right)^n = e^\alpha = a; \quad \lim \left(1 + \frac{\alpha}{n}\right) = a^{\frac{1}{n}};$$

$$\alpha = \log a = \lim n \left(a^{\frac{1}{n}} - 1\right).$$

Diese Ableitung ist nicht streng, aber practisch; sie lässt sich mit leichter Mühe streng machen wie folgt. Es ist

$$\lim_{} \left(1 + \frac{\alpha}{n}\right)^n = a,$$

also für grosse Werthe des n

$$\left(1 + \frac{\alpha}{n}\right)^n = a + \varepsilon_n, \text{ wo } \lim \varepsilon_n = 0; \text{ daher}$$

$$\left(1 + \frac{\alpha}{n}\right) = (a + \varepsilon_n)^{\frac{1}{n}} \text{ und folglich, da } \lim \varepsilon_n = 0, \text{ also}$$

$|a| > |\varepsilon_n|$ ist, nach XIV, 5.: $\left(1 + \frac{\alpha}{n}\right) = a^{\frac{1}{n}} + \frac{\varepsilon_n}{n} P(\varepsilon_n)$,

wo $P(\varepsilon_n)$ eine nach ganzen Potenzen von ε_n fortschreitende convergente Reihe vom Character einer Fundamentalreihe ist. Daraus ferner:

$$\alpha = n \left(a^{\frac{1}{n}} - 1\right) + \varepsilon_n P(\varepsilon_n)$$

$$\alpha = \lim n \left(a^{\frac{1}{n}} - 1\right) + \lim \varepsilon_n P(\varepsilon_n), \text{ also schliesslich}$$

$$\alpha = \log a = \lim n \left(a^{\frac{1}{n}} - 1\right).$$

Neper berechnete seine Logarithmentafel, indem er 2^{64} für n setzte. Wir setzen, um zu der erforderlichen Radicirung $\left(\text{Ermittelung von } a^{\frac{1}{n}}\right)$ den Binom anzuwenden, $a = 1 + (a - 1) = 1 + z$, und nehmen an, dass $|z| < 1$ sei. Alsdann ergiebt sich:

$$\alpha \text{ oder } \log(1 + z) = \sum_{1}^{\infty} (-1)^{k-1} \frac{z^k}{k},$$

da für $k \gtrless 0$ $\lim n \left(\dfrac{1}{n}\right)_k = \dfrac{(-1)^{k-1}}{k}$ ist. Somit sind wir im Stande, für alle Zahlen, deren absoluter Betrag < 2 ist, den natürlichen Logarithmus (log. nat.) zu berechnen. Es giebt aber die specielle Lösung, wie so häufig in der Analysis, zugleich die allgemeine. Jede positive reelle Zahl kann auf die Form gebracht werden $r = \dfrac{1+z}{1-z}$, wo $|z| < 1$, weil gleich $\dfrac{r-1}{r+1}$ ist. Wir sehen, sobald die Zahl negativ wird, wird $|z| > 1$, und die Reihen hören auf zu convergiren. Es ist:

$$\log r = \log \left(\frac{1+z}{1-z}\right) = \log(1+z) - \log(1-z)$$

$$= 2 \sum_0^\infty \frac{z^{2k+1}}{2k+1}, \text{ wo } z = \frac{r-1}{r+1}. \qquad (I.)$$

Wir sehen, dass für jedes positive r ein reeller Logarithmus existirt. Zur wirklichen Berechnung der Tabelle ist die Reihe zu schwach convergent, d. h. in der Relation $a_{n+k} - a_n < \varepsilon$, welche nöthig wird, um die Glieder vom $n$ten an zu vernachlässigen, wird n zu gross; auch erleidet die Arbeit keine Erleichterung durch die schon berechneten Logarithmen.

Wir ersetzen $r = \dfrac{1+z}{1-z}$ durch $\dfrac{y+h}{y}$; dann ergiebt sich

$$\log(y+h) = \log y + 2 \sum_0^\infty \frac{z^{2k+1}}{2k+1},$$

wo $z = \dfrac{h}{2y+h}$ ist, also z. B. für $y = 5$, $h = 1 : z = \dfrac{1}{11}$. Man sieht jetzt: wenn $h : y$ einigermassen klein ist, so ist

$$\log(y+h) - \log y = \frac{2h}{2y+h} = \frac{h}{y},$$

d. h. die Zunahme der Logarithmen ist der Zunahme des Numerus proportional.

Da wir nach dem Vorigen für jeden absoluten Betrag den log. nat. berechnen können, müssen wir noch für jede complexe Einheit den Logarithmus berechnen.

Es war

$$\cos \varphi + i \sin \varphi = e^{\varphi i}$$
$$\cos \varphi - i \sin \varphi = e^{-\varphi i}. \text{ Daher}$$

$$e^{2\varphi i} = \frac{\cos \varphi + i \sin \varphi}{\cos \varphi - i \sin \varphi} = \frac{\alpha + i \beta}{\alpha - i \beta} = \frac{1 + i \dfrac{\beta}{\alpha}}{1 - i \dfrac{\beta}{\alpha}};$$

den Quotient $\dfrac{\beta}{\alpha}$ nenne man t; die Quotienten von sinus und cosinus (tangens resp. cotangens genannt) sind in Tabellen verzeichnet.

$$e^{2\varphi i} = \frac{1 + it}{1 - it}; \; 2\varphi i = \log \frac{1 + it}{1 - it}, \text{ und, sobald } |t| < 1,$$

$$2\varphi i = 2i \sum_0^\infty (-1)^k \frac{t^{2k+1}}{2k+1}$$

$$\varphi = \sum_0^\infty (-1)^k \frac{t^{2k+1}}{2k+1}. \qquad (II.)$$

Ist $\alpha < \beta$, so kann man die Gleichung benutzen

$$(\alpha + i\beta)(\beta + i\alpha) = i(\alpha^2 + \beta^2) = i;$$

den Logarithmus von i giebt aber die Reihe nicht, ebensowenig die Logarithmen der negativen Zahlen; man sieht, hier fehlt $\log (-1)$.

6. Um die beiden fehlenden Logarithmen zu erhalten, müssen wir die Functionen e^x, $\cos x$, $\sin x$ genauer betrachten. Durch die Euler'sche Gleichung und ihre Consequenz:

$$2 \cos x = e^{xi} + e^{-xi},$$
$$2 i \sin x = e^{xi} - e^{-xi}$$

sind die drei Functionen in so einfacher Beziehung, dass sie im Wesentlichen als zu einer Gattung gehörig angesehen werden können. Wir haben schon gezeigt, dass e^x und somit auch $\cos x$ und $\sin x$ für jedes endliche x eindeutige, bestimmte Functionen von x sind. Wir sehen aus dem Additionstheorem, dass sie auch stetig sind:

$$e^{x+\delta} = e^x e^\delta; \quad e^{x+\delta} - e^x = e^x (e^\delta - 1)$$

$$e^\delta = 1 + \delta + \frac{\delta^2}{2} + \dots < 1 + \delta + \frac{\delta^2}{2}\left(1 + \frac{\delta}{3} + \left(\frac{\delta}{3}\right)^2 \dots\right)$$

$$e^\delta < 1 + \delta + \frac{\delta^2}{2} \cdot \frac{1}{1 - \frac{\delta}{3}} < 1 + \eta$$

$$e^{x+\delta} - e^x < e^x \cdot \eta < \varepsilon \text{ für jedes endliche } x.$$

Analog ist der Beweis für Cosinus und Sinus.

Geben wir der reellen Veränderlichen x von x aus eine Reihe von Zunahmen, deren absolute Beträge beständig abnehmen, und setzen wir fest, dass die sämmtlichen Werthe von x verschieden sein sollen, so erhalten wir eine Reihe, deren Grenze x nicht erreicht wird; die Zunahmen bilden eine Nullreihe, deren Grenze 0 nicht erreicht wird; die zugehörigen Werthe der Function bilden eine Fundamentalreihe, deren Grenze e^x nicht erreicht wird. Die Zunahmen der Function bilden eine Nullreihe. Die Quotienten aus den gleichgestellten Gliedern beider Elementarreihen bilden keine Nullreihe und keine unbestimmte Reihe, sondern eine Fundamentalreihe, deren Grenze e^x ist, da limes $\eta = \delta$ (s. o.).

Analog finden wir bei $\sin x$ die Grenze $\cos x$ und bei $\cos x$ die Grenze $- \sin x$.

Betrachten wir die Tabelle für $\sin x$ und $\cos x$ genauer, so sehen wir, dass $\sin x$ wächst, wenn x zunimmt von 0 an bis zu einem Werthe, der etwas > als 1,5; bezeichnen wir diesen mit $\frac{\pi}{2}$, so ist $\sin \frac{\pi}{2} = 1$, also $\cos \frac{\pi}{2} = 0$. Aus dem Additionstheorem erhalten wir:

$$\sin \left(\frac{\pi}{2} - \varphi\right) = \cos \varphi; \quad \cos \left(\frac{\pi}{2} - \varphi\right) = \sin \varphi; \text{ ferner}$$

$$\sin \pi = 0; \quad \cos \pi = - 1; \quad \sin \frac{\pi}{4} = \cos \frac{\pi}{4} = \sqrt{\frac{1}{2}};$$

$$\sin 2\pi = 1; \quad \cos 2\pi = 0; \quad e^{2\pi i} = 1; \quad e^{\pi i} = - 1; \quad e^{\frac{\pi}{2} i} = i.$$

Die fehlenden Logarithmen von — 1 und i sind in πi und $\frac{\pi}{2} i$ gefunden; zugleich aber stossen wir auf die merkwürdigste und characteristische Eigenschaft der Exponentialfunction und ihrer ganzen Gattung:

$$e^{x+2\pi i} = e^x \, e^{2\pi i} = e^x; \text{ allgemein:}$$
$$e^{x+2k\pi i} = e^x \qquad \text{und}$$
$$\cos(x + 2k\pi) = \cos x, \sin(x + 2k\pi) = \sin x,$$

wo k eine beliebige positive oder negative ganze Zahl. Die Exponentialfunction hat also die Eigenschaft, dass ihre Werthe jedes Mal, wenn man die imaginäre Coordinate des Argumentes um $2\pi i$ vermehrt, wiederkehren; sie ist periodisch, ihre Periode ist $2\pi i$, während Cosinus und Sinus die reelle Periode 2π besitzen. Das Functionen-Geschlecht ist als «einfach periodisches» characterisirt.

Wir sehen, dass die Periodicität eine Folge des einfachen Additionstheorems, und es ist interessant genug, dass hinter der einfachen Gleichung $1 \cdot 1 = 1$ sich die Periodicität der Exponentialfunctionen und die unendliche Vieldeutigkeit des Logarithmus verbirgt.

Jede complexe Zahl $a + ib$ lässt sich jetzt auf die Form bringen $r(\alpha + i\beta)$; r lässt sich durch die Gleichung (*I.*) auf die Form e^ρ bringen, $\alpha + i\beta$ auf die Form $e^{\varphi i}$, zunächst nur, wenn α und β positiv und $\alpha > \beta$; sind α und β positiv und $\alpha < \beta$, so ist $e^{\left(\frac{\pi}{2} - \varphi\right) i} = \sin\varphi + i\cos\varphi = \beta + i\alpha$, und man berechnet $\frac{\pi}{2} - \varphi$, indem man in (*II.*) statt t den reciproken Werth einführt. Ist α negativ und $|\alpha| > \beta$, so benutzt man die Formel $e^{\pi - \varphi} = -\cos\varphi + i\sin\varphi = |\alpha| + i\beta$ und berechnet $\pi - \varphi$ als $< \frac{\pi}{2}$ etc.

Man sieht, dass für jedes $\alpha + i\beta$ sich ein und nur ein φ zwischen 0 und 2π findet, so dass $e^\varphi = \alpha + i\beta$; denn wäre etwa e^ψ auch $= \alpha + i\beta$, so müsste

$$e^{\varphi - \psi} = 1 = e^{2k\pi i} \text{ sein.}$$

Jede Zahl $a + ib$ lässt sich jetzt auf die Form $e^{\rho + \varphi i}$ bringen, wo φ zwischen 0 und 2π, somit aber auch auf die Form $e^{\rho + \varphi i + 2k\pi i}$, d. h. zu jeder Zahl gehören unendlich viele Logarithmen; der zu $k = 0$ gehörige $\rho + \varphi i$ heisst der Hauptlogarithmus; ist $a + ib = r$, dann ist $\varphi = 0$, der Hauptlogarithmus gleich der reellen Zahl ρ; ist $-a + ib = -r$, φ also π, so ist der Hauptlogarithmus $\rho + i\pi$.

Anmerkung. Die geometrische Darstellung der Periodicität ist zwar für Jeden, der mit den Anfängen conformer Abbildung vertraut ist, selbstverständlich; indessen da immerhin nicht Jeder damit vertraut zu sein braucht, sei es gestattet, sie hier anzugeben. Wenn der Logarithmus seine Ebene in Parallelen zur reellen Axe durchläuft von $-\infty$ bis $+\infty$, so dreht sich die Potenz um den 0-Punkt herum; sobald sich also der Abstand der Parallele, auf welcher sich der Logarithmus bewegt, um 2π vermehrt, die imaginäre Coordinate desselben um $2\pi i$ wächst, kehrt die Potenz in ihre frühere Lage zurück. Während der Logarithmus also die Ebene einmal bedeckt, bedeckt die Potenz ihre Ebene unendlich oft; dennoch ist die Mächtigkeit beider dieselbe, — eine gute Illustration zu den Cantor'schen Sätzen. Durchläuft der Logarithmus x die Parallele zur i-Axe im Abstande a, so beschreibt e^x einen Kreis mit dem Radius e^a, und während die complexe Coordinate sich um 2π ändert, ist der Kreis durchlaufen, so dass, während x die Parallele durchläuft, e^x den Kreis mit dem Radius e^a unendlich oft durchläuft.

Wir sehen, dass die Definition von a^z als $e^{\alpha z}$ keine bestimmte ist; wir bekommen jetzt auch Aufschluss über die Vieldeutigkeit der Wurzel. Es ist $a = e^{\alpha + 2k\pi i}$, wo α den Hauptlogarithmus bezeichnet; also $a^{\frac{1}{n}} = e^{\frac{\alpha}{n} + \frac{2k\pi i}{n}}$ oder $= e^{\frac{\alpha}{n}} e^{\frac{2ki}{n}}$. Es hat aber $e^{\frac{2k\pi i}{n}}$ oder $\sqrt[n]{1}$ genau n verschiedene Werthe, die auftreten, wenn k die Werthe von 0 bis $n-1$ annimmt, da $e^{\frac{2k\pi i}{n}} = e^{\frac{2k'\pi i}{n}}$ nur sein kann, wenn $\dfrac{k - k'}{n}$

eine ganze Zahl; also hat die $\sqrt[n]{a} = e^{\frac{\alpha}{n}} \sqrt[n]{1}$ ebenfalls n verschiedene Werthe.

Man könnte also $\sqrt[n]{a} = a^{\frac{1}{n}} = e^{\frac{\alpha + 2k\pi i}{n}}$ setzen, und diese Gleichung wäre jetzt eine vollständige, da die beiden Seiten n verschiedene Werthe haben. Man stösst aber wieder auf die in X, 11. bemerkte Schwierigkeit. Es ist a^2 nicht gleich $e^{2\alpha + 4k\pi i}$, sondern $a^2 = e^{2\alpha + 2k\pi i}$, und deshalb z. B. $a^{\frac{2}{6}}$ nicht identisch mit $a^{\frac{1}{3}}$. Es ist daher vorzuziehen, dass wir a^x definiren als $e^{\alpha x}$ und unter α den Hauptlogarithmus von a verstehen, die Vieldeutigkeit dagegen an das Zeichen $\sqrt[n]{\ }$ heften.

Es würde jetzt naturgemäss die Theorie der ganzen Functionen einer reellen Veränderlichen, d. h. die Lehre von der Gleichung $n$ten Grades sich anschliessen, um so mehr als für eine Reihe von Sätzen die Beweise schon geliefert sind; allein, solange noch kein der Menge der Schüler verständlicher Beweis des Gauss'schen Satzes gegeben ist, fehlt ihr für die Schule das Fundament, und sie bleibt im Allgemeinen wohl besser der Universität vorbehalten.

Strassburg, Buchdruckerei R. Schultz u. Comp.

www.ingramcontent.com/pod-product-compliance
Lightning Source LLC
Chambersburg PA
CBHW022015050726
47499CB00007BA/2647